高职高专园林专业规划教材

园林建筑设计

主 编 苏 丹 吴艳华
副主编 于强波 杨晓菊 武 新 李蒙杉

中国建材工业出版社
北 京

图书在版编目（CIP）数据

园林建筑设计/苏丹，吴艳华主编；于强波等副主编．--北京：中国建材工业出版社，2024.2

高职高专园林专业规划教材

ISBN 978-7-5160-3751-5

Ⅰ.①园⋯ Ⅱ.①苏⋯ ②吴⋯ ③于⋯ Ⅲ.①园林建筑－园林设计－高等职业教育－教材 Ⅳ.①TU986.4

中国国家版本馆CIP数据核字（2023）第077522号

内容简介

本书由5个项目19个任务组成，内容主要为园林建筑概述、园林建筑设计方法与技巧、园林单体建筑设计、园林服务性建筑设计、园林建筑小品设计。

本教材从案例分析到实训演练，收录了大量图片和现代园林建筑实例，兼具对中国古典园林建筑文化精髓的传承和对当今园林建筑文化的发扬和创新。本教材配有22个二维码微课堂，可使读者全面系统地掌握园林建筑设计的基础知识、设计方法与技巧。

本书不仅可以作为高职高专园林、园艺相关专业的教材，也适合作为园林建筑设计者、施工者的参考读物。

园林建筑设计
YUANLIN JIANZHU SHEJI

主　编　苏　丹　吴艳华
副主编　于强波　杨晓菊　武　新　李蒙杉

出版发行：中国建材工业出版社
地　　址：北京市海淀区三里河路11号
邮　　编：100831
经　　销：全国各地新华书店
印　　刷：北京印刷集团有限责任公司
开　　本：787mm×1092mm　1/16
印　　张：9.5
字　　数：230千字
版　　次：2024年2月第1版
印　　次：2024年2月第1次
定　　价：38.00元

本社网址：www.jccbs.com，微信公众号：zgjcgycbs
请选用正版图书，采购、销售盗版图书属违法行为
版权专有，盗版必究。本社法律顾问：北京天驰君泰律师事务所，张杰律师
举报信箱：zhangjie@tiantailaw.com　举报电话：(010) 57811389
本书如有印装质量问题，由我社事业发展中心负责调换，联系电话：(010) 57811387

本书编委会

主　编　苏　丹（辽宁农业职业技术学院）
　　　　　吴艳华（辽宁农业职业技术学院）
副主编　于强波（辽宁农业职业技术学院）
　　　　　杨晓菊（辽宁农业职业技术学院）
　　　　　武　新（辽宁农业职业技术学院）
　　　　　李蒙杉（辽宁职业学院）
参　编　张婧莹（辽宁农业职业技术学院）
　　　　　尹钧婷（辽宁农业职业技术学院）
　　　　　王　浩（阜新高等专科学校）
　　　　　刘丽馥（辽宁生态工程职业学院）
　　　　　王婷婷（南京市园林规划设计院有限责任公司）

前言 Preface

《园林建筑设计》是高职高专院校园林类学科的一门重要专业主干课程，对学生岗位能力的培养具有重要作用。本课程的教学目标是培养学生对园林建筑及小品的设计能力，提升学生对园林建筑设计方案的表达能力，以及规范园林建筑施工图纸的识读和绘制。通过本课程的学习，学生应能够掌握园林建筑设计的基础知识、设计方法与技巧，为走向工作岗位打好基础。

全书共5个项目，前两个项目为园林建筑设计的基础知识，主要内容有园林建筑概述、园林建筑设计方法与技巧；后三个项目为园林建筑设计实践内容，主要有园林单体建筑设计、园林服务性建筑设计与园林建筑小品设计。

在教材编写过程中，我们对园林类企业进行了充分调研，力求使本书成为以园林类专业岗位能力要求和工作任务为基础，以项目式教学为主，以培养应用型人才为目标，理论与实际相结合，继承与创新相结合，适应高职高专教学规律和教学条件的教材。在编写体例上，本书以项目式教学为特点，设计教学情境，以作品为导向，是基于真实工作情境的以学生为主体的编写方式。本书根据一定职业岗位实际业务范围的要求，培养生产建设管理与社会服务的技术应用型专业人才。在编写内容的安排上，将园林建筑设计的基础理论知识和建筑设计技能内容相结合，突出理论联系实际，使本书更符合高职高专教学的需要。

本书收录了大量图片和现代园林建筑实例，兼具对中国古典园林建筑文化精髓的传承和对当今园林建筑文化的发扬和创新，更符合园林建筑发展的特征和导向。

本教材由长期从事高职教育的优秀教师和来自企业的具有丰富实践经验的设计师共同编写，由苏丹、吴艳华担任主编，于强波、杨晓菊、武新、李蒙杉担任副主编。具体编写分工如下：项目一由吴艳华编写；项目二、项目三由苏丹编写；项目四由于强波、杨晓菊编写；项目五由武新、李蒙杉编写。张婧莹、尹钧婷、王浩、刘丽馥、王婷婷参与了部分案例的编写和图片素材的整理。

限于编者水平，本书难免有疏漏与错误之处，恳请读者批评指正。

编 者
2023年6月

目录 | Contents

项目一　园林建筑概述 ·· 1
　　任务一　初识园林建筑 ··· 1
　　任务二　中外园林建筑发展 ·· 5

项目二　园林建筑设计方法与技巧 ·· 20
　　任务一　园林建筑布局 ··· 20
　　任务二　尺度与比例的应用 ·· 30
　　任务三　色彩与质感的应用 ·· 33
　　任务四　园林建筑材料及应用 ··· 37

项目三　园林单体建筑设计 ·· 44
　　任务一　景观入口设计 ··· 44
　　任务二　亭的设计 ··· 52
　　任务三　廊的设计 ··· 63
　　任务四　水榭的设计 ·· 70
　　任务五　舫的设计 ··· 73

项目四　园林服务性建筑设计 ··· 85
　　任务一　茶室设计 ··· 85
　　任务二　园林公厕设计 ··· 92
　　任务三　园林小卖部设计 ··· 99

项目五　园林建筑小品设计 ·· 109
　　任务一　景墙设计 ··· 113
　　任务二　园椅设计 ··· 118
　　任务三　景观标识设计 ··· 123
　　任务四　景观雕塑设计 ··· 126
　　任务五　其他小品设计 ··· 130

参考文献 ·· 141

项目一

园林建筑概述

[知识目标]
- 了解园林构成要素
- 解释园林和园林建筑的关系
- 理解中外园林建筑发展概况
- 掌握园林建筑的景观功能
- 归纳园林建筑的类别

[技能目标]
- 能够梳理中外园林建筑的发展历史
- 能调研园林建筑实例并进行分析、归纳

[素质目标]
- 增强民族自信心，树立文化自信
- 传承中国传统文化，激发职业自豪感

任务目标

了解园林的构成要素；理解园林与园林建筑的关系；掌握园林建筑的景观功能；能够梳理古今中外园林建筑的发展历史；能对园林中各种景观建筑类型进行归纳分类。

任务一 初识园林建筑

一、园林

园林是指在一定的地域范围内，运用工程技术和艺术手段，通过因地制宜地改造地形（堆山、叠石、理水）、种植植物、营造建筑、布置园路等，创建出一个供游人观赏、游憩、活动的优美环境。

一般而言，园林包含四种基本要素，即地形、水体、植物和建筑。园林不仅能给游人提供休憩赏景的空间，而且能够给游人带来艺术的审美情趣。园林将人为的物质环境与自然风景相配合，融建筑、植物、绘画、文学、书法等于一体，经过人为的、艺术的加工改造，创造出无限的美景。游览于景色优美和静谧的园林中，极大地缓解了人们快节奏生活所带来的压力和疲乏，使身心得到良好的放松与恢复。另外，园林所承载的文化、游乐、体育、科普教育等活动可以丰富人们的知识和充实人们的精神生活。

二、园林建筑

中国园林在世界园林中独树一帜，享誉盛名。中国的园林建筑历史悠久，在园林中发挥着举足轻重的作用。传统园林建筑源于自然而高于自然，布局灵活多变，隐建筑物于山水之中，将人工美与自然美融为一体，营造可望、可行、可游、可居的优美意境。

什么是园林建筑呢？园林建筑是指在园林中具有造景功能，同时又能供人游览、观赏、休息的各类建筑物。无论是在中国古典还是现代园林中，园林建筑形式之多样、色彩之别致、分隔之灵活、内涵之丰富在世界上鲜有可比，亭、廊、水榭、舫、桥、花架、雕塑、景墙、园椅等构成园林基本要素，不仅能满足人们驻足休息、可游可居的生活要求，同时其呈现的艺术感染力也满足了人们精神上对美的需求。

在中国古典园林中，园林建筑占了较大比重，类别极为丰富，积累了我国建筑的传统艺术及地方风格。现代园林中，建筑物所占的比重有所减少。园林建筑是园林诸要素中人为成分最多、人工创造的产物，能够充分体现人的智慧和创造力，建筑的数量、式样、布局、色彩等处理，直接影响园林的风格，可以说建筑在园林中起到了画龙点睛的重要作用。

研讨：园林建筑与园林的关系。

三、园林建筑的景观功能

园林建筑在功能上既要满足其使用功能，又要满足在园林景观中的造景要求，并与园林中的其他要素——地形、水体、植物有机地结合，与周围环境密切配合，与自然融为一体。因此，要将其功能与园林景观要求恰当地、巧妙地结合起来。

二维码微课堂

园林建筑的景观功能主要表现在它对园林景观的积极作用，概括为以下四个方面：

1. 点景

点景即点缀风景。园林建筑与其他要素地形、水体、植物等共同构成园林中一幅幅优美的风景画面。园林建筑要与自然风景相融合，并且经常成为园林景致的构图中心或主题。比如隐蔽于花丛林荫之中的廊，或设置于湖边的亭，都成为局部小景的构景中心；有高大体量的建筑物耸立在高山之巅，成为全园主景，主宰全园的气势。如北京颐和园中的佛香阁，位于万寿山前山，其两侧的建筑严整而对称地向两翼展开，佛香阁巍峨耸立、气宇轩昂，成为整个景区的构图中心（图1-1）。北京北海公园永安寺白塔矗立于琼岛顶峰，绿荫拥簇，巍峨壮美，具有主宰全园的气势。

2. 赏景

赏景即观赏风景。以建筑作为观赏园内景物的场所，一幢单体建筑，成为静观园景画面的一个欣赏点；一组建筑常与游廊、园墙等连接，构成动态观赏园景全貌的一条观赏线。因此，建筑的朝向、门窗洞口的位置都要考虑到赏景的要求，力求使游赏者在观景场所里能捕捉到最佳的风景画面。颐和园昆明湖东岸知春亭，亭畔遍植垂柳，春来景色殊胜，凭栏可纵眺全园景色，是一处绝佳的赏景之处。苏州拙政园波形水廊，临水而筑，依水势作成高低起伏、弯转曲折状，使景观空间富于弹性，行走于廊中，可尽赏湖中优美景观（图1-2）。

图1-1　颐和园佛香阁

图1-2　拙政园波形水廊

3. 组织和划分园林空间

园林中的建筑有组织和划分园林空间的功能。无论是古典园林还是现代园林，常用一些游廊、园墙、栏杆、园桥、柱等不同的建筑形式来组织和划分园林空间，以创造出丰富的景观层次和氛围，或者是利用建筑群围合成一系列聚合性的园林空间，或者是用山石花木辅以建筑物，完成园林空间"起结开合"的巧妙变化，从而实现以小见大、以婉转见深邃的景观意境（图1-3、图1-4）。

图1-3　园墙

图1-4　临水栏杆

4. 引导游览路线

园林中风景点的设置应符合园林的总体布局，而园林建筑依据总体布局常常布置于景观游览线上而成为视线引导的主要目标，这自然为游赏者提供了一条具有导向性的游览路线，游赏者沿着园路或狭长的建筑前行，都会欣赏到不同的风景画面，形成"步移景异"的效果。如公园长廊连接了许多景点，游人漫步其中，尽赏园中各处优美景观（图1-5、图1-6）。

图1-5 公园亭廊　　　　　　　　　图1-6 公园长廊内景

研讨：园林建筑在园林中的功能。

四、园林建筑的分类

园林建筑类型丰富，按使用功能可分为四大类：

1. 园林建筑小品

指园林中体量小巧、数量多、分布广、功能简明、造型别致，具有较强装饰性的精美设施。如园灯、园椅、园林展牌、园林景墙、园林栏杆及果皮箱等（图1-7）。

2. 游憩性建筑

给游人提供游览、观景、休息的场所。这类建筑本身也是景点或成为景观的构图中心。包括科普展览建筑、文化娱乐建筑、游览观光建筑，如亭、廊、花架、榭、舫、园桥、游船码头、各类展览厅等（图1-8）。

图1-7 景墙　　　　　　　　　图1-8 园桥

3. 服务性建筑

为游人在游览途中提供生活服务的建筑，如各类型小卖部、茶室、餐厅、接待室、旅店、摄影亭、厕所等。

4. 管理类建筑

主要提供给内部工作人员使用，包括办公室、食堂、仓库等。

园林建筑按性质也可分为传统园林建筑和现代园林建筑两大类。

研讨：结合园林建筑的分类，收集古典园林中建筑类型范例的资料。

任务二　中外园林建筑发展

一、中国园林建筑发展概况

中国古典园林的演变与发展按其历史进程可分为以下几个主要阶段：

二维码微课堂

1. 殷周时期

中国园林建筑的历史源远流长，可追溯到黄帝时期。据其可考者，以黄帝的县圃为滥觞，其后尧设虞人掌山泽、苑囿、田猎之事，舜命虞官，掌上下草木鸟兽之职责，苑囿之掌理，乃有专官的设置。商是我国形成国家政权机构最早的一个朝代，那时的象形文字甲骨文已有宫、室、宅、囿等字眼。其中囿是指在一块田地内挖池筑台、狩猎游乐，是最古老朴素的园林形态。早期的园林多为种植果木菜蔬之地，或是豢养禽兽之所，且为帝王所有。殷周时的王、诸侯、卿所经营的园林，可统称为"贵族园林"。它们尚未完全具备皇家园林的性质，但却是后者的前身。此时的宫苑尚保留着栽培、圈养、通神、望天的功能，但游观的功能已然显现出来，树木花草以其美姿而成为造园的要素，建筑物则结合天然山水地貌而发挥其观赏作用。

2. 春秋战国至秦时代

春秋战国是百家争鸣、人才辈出、学术风气活跃的时代，以孔孟为代表，人与自然的关系，由敬畏而逐渐转为敬爱，诸侯造园亦渐普遍。公元前221年，秦始皇灭六国完成了统一中国的大业，建都咸阳。他集全国物力、财力、人力将各诸侯国的建筑式样建于咸阳北坂之上，"殿屋复道周阁相属"，形成规模宏大的官苑建筑群，号称"六国宫殿"，建筑各具特色、式样繁多，促使建筑艺术水平空前提高。《史记》记载，"徙天下豪富于咸阳十二万户。诸庙及章台、上林皆在渭南"；十年后，"乃作朝宫渭南上林苑中，先作前殿阿房"，上林苑以阿房宫为中心，加上许多离宫别馆，还在咸阳"作长池、引渭水……筑土为蓬莱山"，把人工堆山引入园林。秦汉出现的"宫""苑"类别对后世的造园影响极为深远。

3. 汉朝

上林苑的扩建，始于汉武帝时期。"周袤三百里"，汉武帝下令有偿征收这个范围内的全部耕地和草地，用以修建苑内的各种景观，上林苑建成规模极为宏大的皇家园林，进入了它的鼎盛时期。苑中有苑、宫、观，其中还挖了许多池沼、河流，种植了各种奇花异木，豢养了珍禽奇兽供帝王观赏与狩猎，殿、堂、楼、阁、亭、廊、台、榭等园林建筑的各种类型的雏形都有。建章宫在汉长安西郊，是个苑囿性质的离宫，建章宫中的太液池极负盛名，池中筑有蓬莱、方丈、瀛洲三岛象征海上仙山，一池三山成为后世理水的重要模式。此时汉朝私家园林也得到很大发展，贵族刘武之园"延亘数十里"，东汉梁冀在洛阳筑园，园景由模仿仙山过渡到临摹自然景色，布局上已不拘泥于均齐对称的格局，而有错落变化，依势随形而筑，这对后世造园起到了积极的作用。汉代的宫苑在囿的基础上大有发展，宫室建筑占有极为重要的地位。在建筑造型上，汉代由木构架形成的屋顶已具有庑殿、悬山、囤顶、攒尖和歇山这五种基本形式。秦汉建筑宫苑和私家园林都呈现了大量建筑与山水相结合的布局。

4. 魏晋南北朝

从东汉末年，经三国、两晋到南北朝，是我国历史上政治不稳定、战争破坏严重、社会生产发展比较缓慢的时期，在建筑上也没有太多的创造和革新。许多文人雅士开始逃避纷繁复杂的现实社会，在名山大川中求超脱、找寄托，这一时期中国写意山水诗和山水画也开始出现。创作实践下的繁荣也促进了文艺理论的发展，对园林艺术的创造也产生了深刻、长远的影响，官僚士大夫们隐逸野居，陶醉于山林田园，选择自然风景优美的地段，模拟自然景色，开池筑山，建造园林。此时，西方佛教的传入引起了佛教建筑的发展，高层佛塔出现了，并带来了印度、中亚一带的雕刻、绘画艺术，不仅促进了我国石窟、佛像、壁画的发展，而且也影响到建筑艺术，汉代质朴的建筑风格逐渐成熟。

古诗言"南朝四百八十寺，多少楼台烟雨中"，此时期佛教盛行，统治阶级大量兴建寺、塔、石窟等，数量众多的佛教艺术作品，使文学艺术及建筑技艺得到了大发展。最初的佛寺就是按中国官署的建筑布局与结构方式建造的。佛寺的布局，基本上采取了中国传统世俗建筑的院落式布局方法。从北魏起，许多著名的寺庙、寺塔都选择在风景优美的名山兴建。高耸的佛塔，不仅为登高远望，而且对城市及风景区的景观起到了重要的点缀作用。

魏晋南北朝是中国古建筑体系的发展时期，皇家园林、私家园林的发展，寺观园林的兴起，把园林发展推向转折的阶段，园林规划由粗放走向精致，造园活动完全升华到艺术创造的境界。

5. 隋唐时代

隋朝统一乱局，隋唐时期是中国封建社会经济繁荣发展的时期，也是中国古典园林艺术类型和风格基本定型并日趋成熟的时期。隋炀帝所修的西苑，是继西汉上林苑后最豪华壮丽的皇家园林。西苑大体上沿袭汉以来的"一池三山"的宫苑模式，将宫苑建筑融于山水之中，极尽奢靡华丽。西苑已具有中国大型皇家园林布局基本构园的雏形。

唐代揭开了我国古代历史上最为灿烂夺目的篇章。经过比较安定的政治局面和丰裕的社会经济生活，呈现"升平盛世"的景象，经济的昌盛促进了文学艺术的繁荣，园林发展到唐代，汲取营养茁壮成长，皇家造园活动频繁。唐朝皇家园林数量众多，规模宏大，因功能不同可分为大内御苑、行宫御苑和离宫御苑三种类别。大内御苑有大明宫、洛阳宫等，行宫御苑有西苑、上阳宫等，离宫御苑有著名的华清宫、九成宫等。华清宫，布局上以温泉之水为池，环山列宫室，形成一个宫城。建筑随山势之高低而错落修筑，山水结合，宫苑结合。

唐朝文人雅士喜以风雅高洁自居，所建园林将诗情画意融于自然山水之中，以简单朴素的建筑点缀其间，富有自然之趣。唐代诗人杜甫在成都所建的浣花溪草堂是今杜甫草堂的前身。这座园林位于浣花溪旁，随地势而建，园内枝繁叶茂，与溪水一起构成了优美的园林风光。诗人白居易任江州（今江西九江）司马时，在庐山旁修建了一座庐山草堂，建筑和陈设十分简朴。唐代士大夫还喜欢在宅旁修建园地或在近郊置别业。造园者根据生活需求，并通过对山水的艺术认识，因地制宜，叠山理水，把诗情画意写入园林，随着写意山水画的不断发展，园林创作开始在更高的水平上发展。

6. 宋代

宋代园林的发展较唐代进一步升华。随着山水画的发展，许多文人、画师不仅寓诗于山水画中，更建庭园融诗情画意于园中。北宋时期的大型皇家园林——艮岳，即是自然山水园的代表作品。艮岳位于宫城外，内城的东北隅，是当时一座大型的皇家园林。艮岳在创造以山水为主体的自然山水园景观效果方面，手法已十分灵活多样。艮岳在掇山理水上所创造的成就，是我国园林发展到一个新高度的重要标志，对后来的园林产生了深刻的影响。在园林建筑布局上，艮岳也是从风景环境的整体入手，因景而设，显示了北宋山水宫苑的特殊风格，为元、明、清之自然山水式皇家园林的创作奠定了坚实的基础。

南宋时期的江南园林得到极大的发展。这首先得益于当时全国的政治、经济中心自"安史之乱"以后逐渐移向江南，加上江浙一带优越的地理条件，促进了园林的空前发展。南宋时，杭州的西湖在其湖上、湖周分布着皇家的御花园，以及王公大臣们的私家园林共几十座，真是"一色楼台三十里，不知何处觅孤山"，园林之盛空前。

宋代园林建筑风格不及唐朝那般宏伟刚健，但却更为秀丽、精巧，富于变化。建筑类型更加多样，如宫、殿、楼、阁、馆、轩、斋、室、台、榭、亭、廊等，按使用要求与造型需要合理选择。在建筑布局上更讲究因景而设，把人工美与自然美结合起来，按照人们的主观愿望，加工、编织成富有诗情画意的、多层次的空间环境。江南的园林建筑更密切地与当地的秀丽山水环境相结合，创造了许多因地制宜的设计手法。

宋代园林专著和园记大量涌现。园林专著《云林石谱》《营造法式》的出现，更推动了建筑技术及物件标准化水平的提高。宋代是中国古典园林进入成熟期的开始，宋代的政治、经济、文化的发展把园林推向了成熟的境地。

7. 元朝

元朝是中国历史上首次由少数民族建立的大一统王朝，元朝在进行大规模都城的建设中，把壮丽的宫殿与幽静的园林交织在一起，人工的精巧和自然景色交相辉映，形成了元大都的独特风格。在建筑形式上，先后在大都内建伊斯兰教礼拜寺和藏传佛教的喇嘛寺，给城市及风景区带来了新的建筑形象、装饰题材与手法。

元朝时期汉族文人阶层流行隐逸的风气，退隐江湖，沉醉于山林之间，通过书画抒发情怀。元朝文人的山水画获得空前的发展，出现了文人写意山水画和写意花鸟画，带动了元代文人私家园林的发展。元代文人私家园林风格以自然、简约、平淡为主，注重植物栽植和水体营造，是文人聚会、赋诗和休憩的重要场所。士人多追求精神层次的境界，庭园成为其表现人格、抒发情怀的场所，如倪瓒所筑之清闭阁、云林堂和其参与设计的狮子林均为很好的代表。

8. 明清时期

明代由于经济的恢复与发展，园林与园林建筑又重新得到了发展。北方清代的文化、建筑、园林基本上沿袭了明代的传统，在二百多年的发展历史中，把中国园林与中国建筑的创作推向了高峰。在全国范围内，园林数量之多、形式之丰富、风格之多样都是过去历代所不能比拟的，在造园艺术与技术方面也达到了纯熟的境地。

明清时期，中国的园林与园林建筑在民族风格基础上依据地区的特点所逐步形成的地方特色日益鲜明，它们汇集了中国园林色彩斑斓、丰富多姿的面貌。在明清时期，中国园林的四大基本类型——皇家园林、私家园林、寺观园林、风景名胜园林都已发展到相当完备的程度，它们在总体布局、空间组织、建筑风格上都有其不同的特色。明清两代皇家在建造宫殿的同时，以巨大的人力与财力不断地营建园林。皇家园林集中于北京，有附属于宫廷的御苑，也有建立在郊区风景胜地的离宫（如颐和园、圆明园等），在某些地区还建有行宫，其中承德避暑山庄规模巨大。

私家园林在明清两代也有极大的发展，一些官僚士大夫、巨商富户的深宅大院之中常有精致的园林池榭，风景幽胜处又建有别墅。他们或装点山林，或悠游林下以娱晚年，因此，择地叠石造园蔚然成风。特别是在经济繁荣达官文人荟萃之地苏州、扬州、无锡、松江、杭州、嘉兴一带更为发达。苏州在明清为工商繁盛、文人荟萃、诗文书画及工艺美术异常发达的城市，名园众多为各地之冠。如沧浪亭始建于宋，狮子林始建于元，拙政园、留园、五峰园始建于明，怡园、耦园、网师园、鹤园等均始建于清，皆比较完整地保存到现在。前代园林得到修整与改建，新修园林争奇斗胜，私人造园出现前代未有的盛况。

明清时期形成的造园方面的理论著作较多。其中重要的著作有明代计成的《园冶》、文震亨的《长物志》。《园冶》对造园作了全面的论述，全书分为相地、立基、屋宇、装折、门窗、墙垣、铺地、掇山、选石、借景等十个专题。在相地之前还列有兴造论和园说，是全书的总论，阐明了园林设计的指导思想。其中提出的造园要"巧于因借，精在体宜""虽由人作，宛自天开"等精辟独到的见解，都是对我国园林艺术的高度概括。

研讨：简述各朝代园林建筑在结构上的发展与变化。

梁思成与林徽因的古建筑之旅

我国著名的建筑学家梁思成和林徽因，他们为保护古建筑，历经了长达10年的考察与调研，写下《中国建筑史》，主持建立了清华大学建筑系，开启了中国建筑体系的探索与研究。梁思成说过一句话："别人都把自己的宝贝藏在家里，我的宝贝放在全国各地。"梁思成口中的"宝贝"，指的就是中国古建筑。梁思成与林徽因多次奔走于祖国的山川河谷与街巷，调研遗落的古建筑，足迹遍布河北、山西、陕西等地，考察了二千七百多处建筑，绘制了一千八百多张测绘图。他们的考察与走访实际上是在与时间赛跑，战争逼近，古建筑一旦被毁坏，那将是国人乃至世人的巨大损失。哪怕是一次雷电，或是人的一念之差，都足以让古建筑在瞬间化成灰烬。所以，对古建筑的保护迫在眉睫，他们要在尽可能短的时间内建立起对古建筑的保护、记录和对世人的呼吁。梁思成认为，中国的古建筑蕴含了中国人的性格、情趣和生活智慧，值得我们重新剖视。

二、外国园林建筑的发展概况

1. 日本园林及建筑

日本从中国汉代起，就受中国文化的影响。到公元 8 世纪的奈良时代，日本开始大量吸收中国的盛唐文化，日本园林深受唐宋山水园的影响，因而形成了与中国园林相近的自然式风格，尤其是在平安时代。到了日本园林发展中期因受佛教思想，特别是受禅宗的影响，重意趣而不重外物，多以闲静为主题，融情于景。明治维新以后，受欧洲致力于公园建造的影响，日本进入造园的黄金时期。日本园林的发展大致经历了以下几个主要时期：

（1）平安时代

桓武天皇奠都平安京后，由于三面环山，山城水源、岩石、植物材料丰富，故在造园方面颇有建树，当时宫楼殿宇，以及庭园建筑，均仿照我国唐朝。这一时代前期对庭园山水草木经营十分重视，而且要求表现自然，并逐渐形成以池和岛为主题的"水石庭"风格。

（2）镰仓时代

源赖朝幕府建镰仓，武权当道，日本社会进入封建时代。此时正值佛教兴盛，人们受禅宗的影响，追求适意自在的人生，注重内心的自我平衡。造园风格多以幽邃的禅意庭园为主，追求超然、旷达、宁静、淡泊的意境。称名寺、西芳寺庭园、天龙寺庭园都是这一时期朴素风尚的枯山水式庭园的典型代表。

（3）室町时代

室町时代是日本造园的黄金时代，造园技术发达，造园意境最具特色。而且受中国明朝文化的影响，生活安定，文学美术的进步，推动日本造园艺术的普及和发展。这时期出现的写意风格的"枯山水"平庭，具有一种极端的"写意"和富于哲理的趋向。京都西郊龙安寺南庭、大仙院方丈北东庭等是日本"枯山水"的代表作。

枯山水很讲究置石，利用单块石头本身的造型和它们之间的配列关系配景。石形务求稳重，很少堆叠成山；枯山水庭园内栽植不太高大的观赏树木，十分注意修剪树的外形姿势而又不失其自然生态。

（4）桃山时代

桃山时代是日本造园个性时代的开始，茶道兴盛，以至茶庭、书院等庭园迭出。茶庭的面积比池泉筑山庭小，要求环境安静便于沉思冥想，故造园设计比较偏重于写意。

茶庭顺应自然，四周围以竹篱，有庭门和小径通到最主要的建筑即茶汤仪式的茶屋。茶庭注重表现自然的片段，寸地而有深山野谷幽美的意境，能使人静下心来思考，好似远离尘凡一般。庭中栽植常绿树，布置石灯、水钵，庭地和石上长有青苔，使茶庭形成"静寂"的氛围。

（5）江户时代

日本江户时代回游式庭园兴起。回游式庭园是以步行方式循着园路观赏庭园之美，以大面积的水池为中心，水中有一中岛或半岛为蓬莱岛，连续出现的景观每景各有主题，由小路将其连接成序列风景画面。著名的京都桂离宫是日本回游式庭园的代表。庭园中心为水池，池心有三岛，岛间有桥相连，池苑周围主要苑路环回导引到茶庭注地以及亭轩院屋建筑。全园主要建筑是古书院、中书院、新书院相错落的建筑组合。池岸曲折，桥梁、石灯、蹲配等别具匠心，庭石和植物材料种类丰富多彩。该时期园林遍及全国。

（6）明治维新时期

明治维新以后，由于西方文化的输入，日本园林也开始受到欧洲园林的影响。但只限于城市公园和少数洋式住宅的宅园，私家园林仍以传统风格为主，而且作为一种独特风格的园林形式传播到欧美各地。

日本是个具有得天独厚自然环境的岛国，气候温暖多雨，森林茂密，木材产量充足，因而发展出了木架草顶的传统建筑形式，开敞布局，地板架空，挑檐较大。早期受中国文化影响，出现了佛寺、宫殿、住宅和神社等诸多建筑样式，后来受西方建筑风格影响，多反映在贵族王室阶层，民间仍是中式日版建筑。

2. 西方园林及建筑

人类历史伴随着社会经济和文化的发展，不同时代、不同地域的文明都创造出了独具特色的园林形式。西方园林的起源可以追溯到古埃及和古希腊。西方园林的发展主要经历了下列几个时期：

（1）西方古代的园林

① 古埃及园林

地中海东部沿岸地区是西方文明的摇篮。古埃及人是最早具有园林文化的民族之一。公元前三千多年，古埃及地区尼罗河沃土冲积，适宜农业耕作，但国土的其余部分都是沙漠地带。因此，古埃及人的园林即以"绿洲"作为模拟的对象。尼罗河每年泛滥，退水之后需要丈量耕地，因而发展了几何学。于是，几何设计用于古埃及园林。水池和水渠的形状方整规则，房屋和树木亦按几何规矩加以安排，是世界上最早的规整式园林。

② 巴比伦花园

底格里斯河一带，地形复杂而多丘陵，且潮湿，故庭园多呈台阶状，每一阶均为宫殿。并在顶上种植树木，从远处看好像悬在半空中，故称之为悬园。著名的巴比伦空中花园就是其典型代表。据考证，巴比伦空中花园建于公元前6世纪，该园建有不同高度的台层组合成剧场般的建筑物。每个台层以石拱廊支撑，拱廊架在石墙上，拱下布置成精致的房间，台层上面覆土，种植各种花木。顶部有提水装置，用以浇灌植物，这种逐渐收缩的台层上布满植物，如同覆盖着森林的人造山，远看宛如悬挂在空中。

③ 波斯园林

一种源于波斯的园林设计风格，展现了波斯园林为适应各种气候条件而发展出来的多样风格。楼台、亭榭、墙垣以及精密的水流灌溉系统是其重要特征。波斯园林对印度及西班牙园林艺术都产生了影响。

④ 古希腊园林

公元前八世纪的荷马时代末期，希腊进入发达的城邦国家时代，以雅典为代表的希腊发展出了自由的民主政治，使其文化、科学、艺术空前繁荣，园林的建设因此逐渐兴盛起来。在强调美学的和谐与整体性的古希腊，园林可以分为三种类型：第一类是宫苑和住宅，这一类园林建立在人与自然的紧密关系上，体现了古希腊文化中自然与人的高度和谐。古希腊史诗《奥赛德》中记载遍布果树、蔬菜和灌溉喷泉的阿尔喀诺俄斯王宫与埃及古王国实用园、巴比伦猎苑与中国先秦时代的"囿"一样，是起源于人类生产活动的园林，而普通人的庭院则是柱廊围绕着广种植物的中庭；第二类是公共园林，体育竞技场的内部及周边出现大片带有座椅和步道的树丛供人们游憩，反映了希腊精神所提倡的民主与公共参与，但遗憾的是这种公共园林随着民主政体的衰亡而逐渐消失；第三类是学园园林，柏拉图所建的阿卡德莫斯学园采用了规则式布局，强调园林与建筑整体的和谐统一。

⑤ 古罗马园林

古罗马继承古希腊的传统而着重发展了别墅园和宅园。别墅园多修建在郊外和城内的丘陵地带，包括居住房屋、水渠、水池、草地和树林。古罗马宅园大多采用柱廊园的布局形式，具有明显的轴线。每个家族的住宅都围成方正的院落，沿周排列居室，中心为庭园，围绕庭园的边界是一排柱廊，柱廊后边和居室连在一起。院内中间有喷泉和雕像，四周有规整的花树和葡萄篱架。廊内墙面绘有逼真的林泉或花鸟，利用人的幻觉使空间产生扩大的效果，更有甚者在柱廊园外设林荫道小院，称之为绿廊。

古罗马园林到了全盛时期，造园规模大为进步，多利用山、海之美作为郊外风景胜地，作大面积别墅园，奠定了文艺复兴时意大利造园的基础。

(2) 中世纪时代园林

公元5世纪后期直到15世纪的中期是欧洲的"中世纪"。整个欧洲都处于封建割据的自然经济状态。当时，除了修道院寺园和城堡式庭园之外，园林建筑几乎完全停滞。寺院园林依附于基督教堂或修道院的一侧，包括果树园、菜畦、养鱼池和水渠、花坛、药圃等，布局随意而无定式。造园的主要目的在于生产果蔬副食和药材，观赏的意义尚属其次。城堡园林由深沟高墙包围着，园内建置藤萝架、花架和凉亭，沿城墙设坐凳。有的园在中央堆叠一座土山，上建亭阁之类的建筑物，便于观赏城堡外面的田野景色。

(3) 文艺复兴时代园林

① 意大利园林

意大利的园林艺术主要是指它的文艺复兴和巴洛克的造园艺术，它直接继承了古罗马时期的造园艺术风格。意大利园林空间形态呈现几何式，布局统一。意大利境内多丘陵，花园别墅建在斜坡上，花园顺地形分成几层台地，形成了意大利独特的台地园林风格。设计上按中轴线对称布置几何形的水池和用黄杨或柏树组成花纹图案的绿丛植坛，很少用花卉。重视水的处理，理水的手法远较过去丰富。水以流动的为主，都与石作结合，成为建筑化的水景，如喷泉、壁泉、溢流、瀑布、叠落等。外围的林园是天然景色，林木茂密。别墅的主建筑物通常在较高或最高层的台地上，可以俯瞰全园景色和观赏四周的自然风光，意大利园林常被称为台地园。在意大利文艺复兴式园林中还出现一种新的造园手法——绣毯式的植坛。即在一大块面积的平地上利用灌木花草的栽植镶嵌组合成各种纹样图案，形似地毯。到了17世纪以后，意大利园林则趋向于装饰趣味的巴洛克式，其特征表现为园林中大量应用矩形和曲线，细部有浓厚的装饰色彩。利用各种机关变化来处理喷水的形式，以及树型的修剪表现出强烈的人工修整的痕迹。

台地园被认为是欧洲园林体系的鼻祖，对西方古典园林风格的形成起到重要的作用。

② 法国园林

17世纪，意大利文艺复兴式园林传入法国。法国多平原，有大片天然植被和大量的河流湖泊。法国人并没有完全接受台地园的形式，而是把中轴线对称的规整式园林布局手法运用于平地造园，从而形成了法国特有的园林形式——勒诺特尔式园林。它在气势上较意大利园林更强，突出人工的几何形态，绿化修剪成几何形，水面也成几何形。勒诺特尔是法国古典园林集大成的代表人物，他继承和发展了整体设计的布局原则，摆脱了对意大利园林的模仿，成为独立的流派。勒诺特尔设计的园林总是把宫殿或府邸放在高地上，居于统率地位，从建筑的前面伸出笔直的林荫道，在其后是一片花园，花园的外围是林园。府邸的中轴线，前面穿过林荫道指向城市，后面穿过花园和林园指向荒郊。花园的布局、图案、尺度都和宫殿府邸的建筑构图相适应。花园里，中央主轴线控制整体，配上几条次要轴线，外加几条横向轴线，便构成花园的基本骨架。闻名世界的凡尔赛宫苑就是这位古典主义园林大师的代表作。凡尔赛宫是国王君权的象征，整座花园雄浑的气度和雍容华贵的景观成为欧洲皇家园林的典范。

③ 英国自然风景园

英国17世纪从法国引进了规则式的勒诺特尔园林，并得到广泛传播。但由于英国17世纪产生的培根经验主义不同于大陆的唯理主义，因此在美学方面英国主流思想开始反对称，而强调自然、自由的动态美。同时17世纪英国爆发了资产阶级大革命，宫廷的古典主义风格失去了政治基础，贵族用来造园的土地也大部分落入农业资产者手中。另外在这一时期，英国海上贸易拓宽了人们的视野，启蒙主义者开始向中国借鉴传统思想，对中国艺术的各个领域都产生了兴趣，创造出了英国独有的自然风景园林，否定了原有规则式园林的纹样植坛、笔直的林荫道、方正的水池及整形的树木，摒弃了所有几何形状和对称的布局，取而代之以弯曲的道路、自然式的树丛和草地及蜿蜒的河流，利用借景与园外的自然环境相融合。随着资本主义扩张大潮两度游历中国的英国皇家建筑师钱伯斯，回到英国后在他所设计的丘园中首次运用所谓"中国式"的手法，终于形成"中英式"流派，这是当时中西造园艺术的一次碰撞与融合，极大地促进了东西方文化的交流。

风景式园林比起规整式园林，在园林与自然相结合、突出自然景观方面有其独特的成就。但完全以自然风景或者风景画作为抄袭的蓝本，虽本于自然但未必高于自然。因此，从造园家雷普顿开始又使用台地、绿篱、人工理水、植物整形修剪和建筑小品。特别注意树的外形与建筑形象的配合衬托以及虚实、色彩、明暗的比例关系。甚至有在园林中故意设置废墟、残碑、断碣、朽木、枯树以渲染一种浪漫的情调，创造了将人文融合于自然的"浪漫派"园林。

④ 美国现代园林

现代园林可以美国为代表，美国在殖民地时代，接受各国的庭园式样，有一时期盛行古典庭园，独立后渐渐具有其风格，但大体而言仍然是混合式的。因此，美国园林的发展，着重于城市公园及个人住宅花园，倾向于自然式，并将教育、保健和修养融于风景区的建设。

美国城市公园的历史可追溯到1634年至1640年，英国殖民时期波士顿市政当局曾作出决定，在市区保留某些公共绿地，一方面是为了防止公共用地被侵占，另一方面是为市民提供娱乐场地。这些公共绿地已有公园的雏形。1858年纽约市建立了美国历史上第一座公园——中央公园，设计者强调公园建设要保护原有的优美自然景观，避免采用规划式布局；在公园的中心地段保留开阔的草地或草坪；强调应用乡土树种，并在公园边界栽植浓密的树丛或树林；利用徐缓曲线的园路和小道形成公园环路，有主要园路可以环游整个公园；并由此确立美国城市公园建设的基本原则。美国城市公园有平缓起伏的地形和自然式水体；有大面积的草坪和稀疏草地、树丛、树林，并有花丛、花台、花坛；有供人散步的园路和少量建筑、雕塑和喷泉等，美国园林更具有现代气息，纽约中央公园开创了园林艺术的新时代。

研讨：分析外国各时期园林建筑的风格。

三、现代园林建筑的发展与创新

园林建筑的产生与发展，随着社会的进步与发展，与人民生活的提高和丰富有着密切的关系。它是随着社会的进步而进步，随着社会的发展而发展。从先秦"囿""苑"，到明清时期达到了造园的成熟期，园林建筑更加丰富多彩，更趋于合理化和多样化发展，体现了园林愉悦的环境，寄托了人的精神，实现了从摹拟自然到写意模仿自然，再到抽象自然人工化的重大转变，为现代园林的沿革与发展奠定了坚实的基础，造就了中国园林的灿烂和辉煌。

现代园林建筑在外部形体上呈现多元化和现代化。园林建筑这门高度综合的艺术，为了满足社会生活和人们精神上的需求，随着社会的进步而逐渐演化和发展，并以各种姿态来体现它的实用性、灵活性、通用性、艺术性和观赏性，满足现代人文化娱乐活动的需要。

在园林建筑中，建筑的"形"是很重要的。我国的绘画传统历来讲求"以形传神"，在一定的自然环境下，自然物的性格特征必须通过一定的"形"来体现。只有在一定的外形中才能蕴含内在特征，达到"传神"。唐代诗人白居易曾指出"形真而圆，神和而全"，因而在现代园林中，建筑的外形，以圆滑柔和的曲线，代替僵硬呆板的直线，显示出形体的丰富多样，表现了园林建筑的曲折生动，富有节奏感。在各种搭配得当的植物群体中像一首优美的乐诗，表现着自己的风格。圆、方、长条、多角、球形多姿多态，表现了亭、廊、楼、阁、榭、舫等各种园林建筑的不同种类和特征，而每类又是千姿百态、景象万千。如亭有：圆亭、方亭、三角亭、八角亭、燕尾亭、蘑菇亭等，而且创造的景观也各不相同。不仅是亭、廊、水榭等建筑如此，而且园内的一些服务性建筑，也是丰富多变。如：苏州东园的茶室，广州华南植物园的蒲江冰室、茶室，上海天山公园的小卖部等，外观多样，各有千秋，集观赏与服务于一体，既实用又美观，呈现了外观形体的多元化、丰富化，而且向仿生和摹拟自然的方向发展。

现代园林建筑的材料不断变化和创新，建筑结构也越加多变和丰富。现代园林，为了适应现代社会发展，也为了满足人民群众物质文化生活的需要。特别是园林建筑，需要消耗大量的木材，这些木料，因受客观自然条件的限制，供应日渐困难，加上，大量的园林建筑所处的地理环境比较特殊，遭受风吹日晒、雨淋、蛀虫的危害，寿命大大缩短。所以，园林建筑在材料方面，必须要进行改革和转变，以适应现代建筑技术的要求。从纯木结构到砖木结构，再到钢筋混凝土结构，乃至轻钢，最终达到纳米材料结构的历史性转变和现代化发展。现在除了一些已保护起来的古代建筑之外，大部分大力提倡和应用钢筋混凝土材料，创建现代化的园林景观、充分利用材料的性能、合理节省用料的结构，一般都会成为美的建筑结构。这种结构与木结构相比有施工方便、耐磨、强度高、可塑性大、省料、经济、寿命长等优点，用它做的园林建筑耐磨，不怕风吹日晒雨淋，不易损坏。在设计施工中，可以进行仿木结构，以及多种造型，达到神形兼备，使园内建筑更加丰富多彩，富有现代气息。建筑的结构是建筑的骨骼，人们对建筑所需要的空间，以及一件园林建筑的艺术品本身表现出来的外形美，就是依靠结构的技术手段来实现的。

随着社会的发展，时代的进步，园林建筑的结构不断演变和发展，已经达到社会、人与自然景观的相互融合的程度，做到景为人造，人为景的主体，既自然又得当；"建筑结构的力度表现得越突出，同建筑物的性格结合得越恰当，它给人们的审美感越强烈"，而正确模仿生物结构来充实建筑结构，又要根据现代建筑材料的要求，进行合理的、必要的简化、改革、创新，最终达到结构上的简单明快，形态上愈加呈现多元化和艺术化（图1-9~图1-12）。

图1-9 景观小屋

图1-10 现代景观建筑

图1-11 现代景观建筑

图1-12 禅意园林小品

技能训练

技能训练一　认知中国古典园林建筑

1. 目的

掌握中国传统的园林建筑类别和屋顶形式,并熟练认知和分辨古典园林中的建筑类型和设计特点。

二维码微课堂

2. 任务

认知表 1-1、表 1-2 中的中国古典园林建筑和屋顶形式,分析其设计特点,了解其结构特征。

表 1-1　我国古典园林建筑

名称	描述	例图
亭	"亭者,停也。所以停憩游行也。"一种有顶无墙的小型建筑物,是供游人休息和观景的场所	
廊	起交通联系、连接景点作用的一种狭长的棚式建筑,它可长可短,可直可曲,随形而弯	
榭	临水而建,近水有平台挑出水面。平台跨水部分以梁、柱凌空架设于水上,平台四周设低矮栏杆,平台靠岸部分建有单体建筑,屋顶多为卷棚歇山式	

续表

名称	描述	例图
舫	园林湖泊中建造起来的一种船形建筑物,也称不系舟	
楼	多层的建筑,可登高望远赏景,由楼梯或假山盘旋而上	
阁	常为两层,四面空透,造型轻巧,平面多为四边形或正多边形	
殿	供奉佛像的地方和帝王处理朝政的地方	

表 1-2　中国传统屋顶形式

名称	描述	例图
硬山顶	屋面双坡，一条正脊和四条垂脊，左右两面山墙与屋面平齐，等级较低	
悬山顶	屋面双坡，一条正脊和四条垂脊，左右两侧屋面悬出于山墙之外	
歇山顶	一条正脊、四条垂脊和四条戗脊，又称九脊顶。由于其正脊两端到屋檐处中间折断了一次，分为垂脊和戗脊，好像"歇"了一歇，故名歇山顶	
庑殿顶	四面斜坡，共五脊，一条正脊+四条斜脊。常用于宫殿、坛庙一类皇家建筑。重檐庑殿顶为最高级	

续表

名称	描述	例图
卷棚顶	在正脊位置上仅用瓦来连接铺成屋顶脊，而不做向上的正脊	
攒尖顶	在正脊位置上仅用瓦来连接铺成屋顶脊，而不做向上的正脊。攒尖顶形状多样，有方形、圆形、三角形、六角形、八角形等，为园林建筑中亭、阁、塔最普遍的屋顶形式	
十字脊顶	十字脊顶是由两个屋顶九十度垂直相交而成，可以是悬山式，也可以是歇山式	

技能训练二 园林建筑及景观小品调研

1. 目的

通过对各种不同类型的公园、广场、单位附属绿地以及居住区绿地参观和调查，运用专业知识对传统园林建筑和现代园林建筑进行分类和评价，并掌握其功能。培养学生对园林建筑及景观小品的认知和审美，为后续学习打下基础。

2. 任务

参观本地及周边城市的公园、广场、单位附属绿地以及居住区绿地，完成参观调研报告。

技能考核

考核项目	考核内容	总结归纳	自我评价
知识考核	园林的构成要素		□A □B □C
知识考核	园林与园林建筑		□A □B □C
知识考核	园林建筑的景观功能		□A □B □C
技能考核	梳理中外园林建筑发展史		□A □B □C
技能考核	对园林建筑类型归纳总结		□A □B □C

注：学生完成学习任务后，结合总结归纳、知识检测和技能训练的完成情况进行评价。（在相应级别前划"√"，A、B、C代表掌握的程度由高到低。）

建筑学家梁思成捍卫北京古城墙的呐喊

梁思成是一个对中国古建筑情有独钟的建筑学家，在北平解放前夕，他就一直为古城那一座座精美绝伦的古代建筑担忧过。战事一旦开始，北京城内的古建筑和文物古迹将会遭到严重损坏，那种痛心疾首可想而知。为此，梁思成深深陷入担忧中。

就在他忧虑的关口，一位军人的到来给了他意想不到的惊喜。了解军人的来意后，梁思成不仅把北京重点文物的位置准确地标在北平军事地图上，而且拿出了带领学生们收集的《全国建筑文物简目》，一并交给了那位军人。

于是，这张北平军事地图变成了北平重点文物图，被挂到了军事指挥所的墙上。在攻城的演习训练中，解放军对城内射击目标逐一精确计算，力求保护文化古迹。最终北平和平解放，北京城内的文物古迹得以幸存。梁思成为北京古城墙呐喊的声音，一直回荡在古老的京城上空……

项目二

园林建筑设计方法与技巧

[知识目标]
- 了解园林建筑的布局方法
- 掌握园林建筑空间处理手法
- 应用园林建筑的尺度和比例
- 在园林建筑中运用色彩和质感
- 归纳总结园林建筑材料的种类及应用

[技能目标]
- 能够分析园林中的园林建筑布局形式
- 能够运用建筑空间处理手法进行设计
- 能够运用专业知识合理选择建筑材料

[素质目标]
- 激发求知动力,培养良好的艺术修养
- 体悟设计过程中蕴含的精神价值

任务目标

了解园林建筑常用的布局方法;掌握园林建筑空间处理手法;在设计创作时学会应用园林建筑的尺度和比例以及对色彩和质感的合理运用;能够运用专业知识合理地选择建筑材料。

任务一 园林建筑布局

园林建筑布局根据园林建筑的性质、规模、使用要求和所处环境地形地貌的特点进行构思。这样的构思在一定的空间范围内进行,不仅要考虑园林建筑本身,还要考虑建筑的外部环境,通过一定的物质手段进行,按照美的规律去创造各种适合人们游赏的环境。合理的布局来源于对建筑所在地段环境的全面认识,对建筑自身功能的把握,以及对建筑布局艺术手法的运用。

园林建筑的布局是从属于整个园林的艺术构思的,园林建筑要遵循园林布局的原则、特点和方法,结合园林建筑自身的特征进行布局。力求使园林建筑与自然环境协调统一,园内外的景色融为一体。

《园冶》关于建筑布局的讨论集中在"兴造论""立基"和"屋宇"三篇。"立基"

开篇为概说，其后依次介绍了厅堂、楼阁、门楼、书房、亭榭、廊房、假山七种基址，前六种属于建筑。概说提出了园林建筑布局的次序和方法："凡园圃立基，定厅堂为主，先乎取景，妙在朝南……择成馆舍，余构亭台；格式随宜，栽培得致。选向非拘宅相，安门须合厅方。"文中提到了厅堂、门户、馆舍和亭台四类建筑。"楼阁之基，依次序定在厅堂之后，何不立半山半水之间？"，书房应"择偏僻处，随便通园，令游人莫知有此"。廊房可"蹑山腰，落水面，任高低曲折，自然断续蜿蜒"。最灵活的要数亭榭，尤其是亭，"通泉竹里，按景山颠；或翠筠茂密之阿，苍松蟠郁之麓；或借濠濮之上，入想观鱼；倘支沧浪之中，非歌濯足"，几乎不受任何规则拘束。这些建筑的布局追求"格式随宜，栽培得致""宜亭斯亭，宜榭斯榭"，穿插掩映，营造出各具特色的景致。园林布局恰有似于行军布阵，通过各要素间的配合，将规则性与灵活性巧妙地结合起来，营造出既和谐有序又自由活泼的中国园林。

一、园林建筑布局的原则

1. 自然协调，情景交融

为了追求艺术境界，园林建筑布局坚持"山水为主，建筑是从""化大为小，融于自然""造型处理结合环境"的原则。做到园林建筑体量上点缀环境，造型上协调环境，空间上不割裂环境，做到与山石、水体、植物等自然要素的有机结合。

园林建筑与山体布局，讲究随形就势。或立于山巅，或安于山脊，或伏于山腰，或卧于峡谷，在不同环境条件下，灵活处理。园林建筑与水体布局，讲究建筑与水体相互依存，以满足人的亲水性心理需求。可布置在水体之中或孤岛之上，如湖心亭；可建于水边依岸而坐，面向水域，如水廊；或横跨水面之上，有长虹卧渡之势，如桥亭、桥廊、水阁等。园林建筑与植物布局，讲求情景交融，呈现四时之景，展示时序景观与空间变化。使诗情画意在许多园林建筑艺术意境上反映出来。中国园林建筑贵在体量与环境的合宜、灵巧，色彩的幽雅，总体布局到细部装饰纹样的精美（图 2-1、图 2-2）。

图 2-1 置于山石花木中的亭

图 2-2 游廊与水体的结合

2. 巧于因借，因地制宜

"因"是因地制宜，从实际出发。从"因"出发，达到"宜"的艺术效果。因地制宜是指园林建筑布局要结合园林的自然环境，做到"相地得宜"，既要注意地形、地貌等自然条件，也要注意花草树木、山石、水体及人文景观等因素。一个好的园林建筑布局，必须突破自身在空间上的局限，园虽有内外之别，但景色并无远近之分，如遇"晴山"耸立的秀色，古寺凌空的胜景，还是梨花飞雪的清逸，凡是目力所及的，庸俗的给予遮蔽，美好的应该汲取。充分利用周围环境的美好景色，因地借景，选择最佳的观赏位置与观赏角度，扩大视野的深度和广度，使园内外的景色融为一体、相得益彰。

玉泉山的塔，好像是颐和园的一部分，如此恰到好处的借景。颐和园借景玉峰塔，可谓神来之笔。苏州留园的冠云楼可以远借虎丘山景，拙政园靠墙处假山上建"两宜亭"，把隔墙的景色尽收眼底，突破围墙的局限，也是绝佳的借景。颐和园的长廊，把景观分隔开，一边是近于自然的湖山，一边是近于人工的楼台亭阁，游人可以两边眺望，丰富了景观层次。正如王维的诗句"隔窗云雾生衣上，卷幔山泉入镜中"，描绘景物运笔巧妙，生动自然。当如沈复所说的："大中见小，小中见大，虚中有实，实中有虚，或藏或露，或浅或深，不仅在周回曲折四字也"（《浮生六记》）。

3. 化大为小，主从相当

我国传统的园林建筑是一种木构架的结构体系，这就决定了建筑物体量较小、较矮，个体建筑物的形状简单。大小、形状不同的建筑物有不同的功能、布局时，可把它们独立设置，也可用廊、墙等把它们组合成为院落式的群体，这种化大为小，化集中的大体量为小体量的处理手法，能使园林建筑与自然环境协调统一，非常适合中国式园林布局与园林景观。化大为小的不同园林建筑布局时，同样应该遵循有主有从的艺术创作规律。主从分明才能有重点、有中心，主次之间彼此呼应、连贯，相得益彰，组成园林艺术的整体。在小范围内，为丰富景观效果，也要使景区有主有次，建筑物有主有从，以形成有特色的重点。

园林，特别是规模较小的园林，布局的基本方式是山水建筑。建筑面对山水，既突出了山水景观，又获得了较好的观赏条件。例如，把十几组大小建筑群与小园林集中布置于万寿山的前山阳坡地带，形成以排云殿佛香阁为中心的建筑布局。其他较小的景点分别点缀在昆明湖的堤岸及湖中的小岛上，形成一山一水，一实一虚，宏丽的建筑与疏朗的水景强烈对比，主从分明、重点突出，景观特点十分鲜明。风景名胜园林与风景区的寺观园林，由于地域范围较大，景观变化多样，加上自然界的天然韵律，因此要求建筑采取分散布局方式。建筑应依据环境的不同特色，灵活布置，形成有个性的景点。景点有大有小，以大带小，有节奏、有变化地控制全局（图2-3、图2-4）。

图2-3 建筑与山水的结合

图2-4 点缀在湖边的亭

4. 分而不隔，贯通渗透

在中国园林布局中，用墙、游廊将园林建筑空间进行围合分隔，可构成多种多样的空间领域。从功能上分，实体墙通常较高，用于围合园林，使其与周边的园林、住户，或所处城市相隔离，从而营造出"结庐在人境，而无车马喧"的隐逸氛围。如私家园林中的一些书斋，或是一些私密性较强的空间，以围合分隔为主，建筑物的两面或三面以实体墙围合，形成一个封闭、幽静的小院；还有一种是嵌有漏窗和洞门的花墙，常与廊、亭、假山等连接，用于园中各小园间的分隔。漏窗和洞门使分隔后的空间似隔非隔，便于人们往来于园中各园，使园林建筑空间分而不隔，相互贯通渗透。景区之间，曲径通幽，有弯曲的道路联络；更以"对景""障景"的手法而形成似隔非隔的联系。游人沿着曲折迂回的园路游赏，由一处景观漫步到另一处全然不同意趣的景观，看似随心无意，却是设计者独具匠心的巧妙安排（图2-5～图2-8）。

图2-5 贯通内外的月门

图2-6 亭中的月门

图2-7 沧浪亭的漏窗

图2-8 扬州瘦西湖的长廊

5. 疏密有致，曲折变化

园林建筑布局时应处理好平面上的疏密关系，要疏而不荒，密而不局促，关键还在于"得宜"，这个"宜"就是人们活动的空间尺度。空间尺度感的掌握在园林建筑布局中是最重要的。在中国古典园林建筑布局时，造园者也常常会采用这种有疏有密，疏密相间的布局手法；在局部处理的时候，还要做到疏处求密，密处求疏。倘若密处无疏，则少了空灵之趣,显得非常壅塞;反之,如果疏处无密,则不含蓄,使人一览无余,缺乏深邃之感。园林建筑布局只有疏密得当才完美。

为了在有限的园林空间中获得深远的空间意境,园林建筑就要采用迂回曲折的布局方式,曲桥、曲径、曲廊在园林中起着组织游览路线的作用,结合环境和两侧风景的特点,相应地曲折变化一下。使游人左顾右盼时而得景,信步间使距离延长而能意趣横生,自然地把人由一个空间引向另一个空间,给人一种意料之外的感受。要做到这一点,必须因地制宜,因景而宜,随机应变,不主观做作。

以网师园为例,其不均匀的建筑布局,使疏密变化极其强烈地达到了黑白分明的效果。其入口两侧小山从桂轩和琴室一带,空间紧凑,建筑排列有序,分布集中,使人置身于建筑围合成的天井空间之中,加上景点众多,令人目不暇接;随廊而入,过灌缨水阁到中部,柳暗花明,豁然开朗,大水面四周或桥、或廊、或亭、或假山,建筑密度顿时减少,使人视线大开,心理放松;至"月到风来亭"时感到周身一丝凉意,心旷神怡;而北部"看松读画轩"与"读画楼"一带建筑又一次相对集中。网师园中园林建筑正是在这种由密到疏、由疏到密中,或旷、或奥,奏响了一首节奏强烈的乐章(图2-9)。

图2-9　网师园局部一景

中国古典园林的建筑布局,可以说是中国古典园林总体布局中非常重要的一个方面。园林中的建筑承担着园林中居住、休息、游憩、观赏等多种功能,在用地上占有较大的比例,特别是在江南一带私家园林中,建筑密度最高可以达到40%。因此,园林建筑的布局往往能直接影响到园林的总体规划布局,对园林风格的形成起着至关重要的作用。掌握园林建筑布局的规律和技巧,能为今天传承古代的营造智慧提供借鉴。

园林建筑空间是园林建筑实体所围起来的"空"的部分,是人活动的空间,能给予人们园林建筑最直接、最重要的影响和感受。园林建筑要满足园林环境中的造型美、意境美、灵活性、艺术性等要求，园林建筑空间的塑造要虚实结合，以人为本，曲直有度，错落有致。空间大小应根据空间的功能要求和艺术效果而定，为塑造不同个性的建筑空间需要采用不同的处理方式。单个空间应注意处理好空间的大小与尺度、封闭围合性、构成方式、构成要素的特征（如形状、色彩、大小、质感等）、空间所要表达的意境等；多个空间的处理则应注意空间之间的融合、渗透、对比、序列连续等。我国园林建筑运用独特的空间处理手法，实现了园林特有的审美意境的创造，体现了设计者对建筑空间的深刻理解和高超的造园技艺。

研讨：总结园林建筑的布局手法。

二、园林建筑空间处理手法

1. 空间的对比

设计者在营造宜人的景观时，建筑空间的处理常采用对比手法。在不同的景区之间，两个相邻而内容又不尽相同的空间之间，

二维码微课堂

在一个建筑组群的主、次空间之间，都常形成空间上的对比。园林建筑空间的对比主要包括体量对比、虚实对比、空间幽深与开阔对比、建筑与自然景物对比等几方面。

（1）空间体量对比

巧妙地利用空间体量大小的对比可以取得小中见大的艺术效果。由建筑物围合的相邻两个空间，体量相差悬殊，当从大空间进入小空间时，会因两个空间的差异而强化感觉，这种对比手法，是园林建筑空间处理常用的手法。以亭廊、厅堂、榭以及树木山石等环绕成小空间，而这种小空间又常常布置于大空间的一侧，这样可以形成强烈对比。如北海公园的濠濮间、静心斋，避暑山庄的文园，苏州的狮子林等都是这种处理方法。游人由大空间进入小空间时越发觉得小空间的清静、幽雅、安谧，而由小空间进入大空间，会越发觉得大空间开阔、宽广。北京颐和园仁寿殿前院呈长方形，气氛严肃。连接仁寿殿与玉澜堂的夹巷既曲折狭长，又十分封闭，过玉澜堂前院至西配房，透过隔扇可窥见昆明湖及玉泉山塔影，而出西配房至昆明湖岸，视野豁然开朗，昆明湖及西山的景色尽收眼底。这种空间的对比极大地增强了人的视觉感受，提升了游赏者游园的兴致（图 2-10、图 2-11）。

图 2-10　空间的狭窄

图 2-11　空间疏朗的廊

(2) 空间虚实对比

空间虚实对比是园林建筑空间常用的处理手法。对于一个园林建筑单体而言，门窗是"虚"，墙体是"实"；对于建筑与周围景物而言，建筑为"实"，周围的景物环境及所围合的空间为"虚"。建筑实体与开阔的水面形成虚实对比。如北海公园中的琼华岛与太液池宽广的水面形成对比，实体的墙与漏空的窗、空灵的柱也形成对比。江南园林建筑虚实对比运用较多，人的视线可以"透窗而及"建筑物的内（外）部，因而常使人感到轻巧、玲珑、通透，没有实的部分整个建筑会显得乏味，没有虚的部分则会使人感到呆板、沉闷。只有虚实巧妙结合，互相对比，相互映衬，才能使建筑物的外观既轻巧通透又结实有力。

作为建筑物本身而言，虚实比例也有所不同。园林建筑，受限于其功能及特点，虚的处理是占主体地位的，如芙蓉榭的墙体处理，每一面的墙体都处理成"虚"，这样整个建筑显得分外通透灵巧。在处理中，若能将虚实交互穿插运用得当，则可构成和谐悦目的效果。建筑物可以看作实，则由建筑、山石、树木等所围合的空间为虚，那么许多的园林建筑（亭、轩、榭、廊）就成了半虚半实的空间。中国的园林建筑空间就是这种不同大小、不同形状、不同特色的"虚""实"和"半虚半实"空间的互相间隔、搭配、有节奏地组合的整体（图 2-12、图 2-13）。

图 2-12 廊的虚实空间处理

图 2-13 半实半虚的亭空间

(3) 空间幽深与开阔对比

幽深空间与开阔空间可以产生对比效果，在相对开敞的空间寻求一定的闭锁性，在过于闭锁的空间寻求一定的开敞性。

西蜀园林之一望江楼园林疏密相间，前院开阔明朗，后院幽深紧致。前院主要是明清古建筑，建筑物之间距离较远，并形成一个视野开阔的小广场，栽有四棵银杏树和一棵泡桐树，游人可以轻松缓慢地游览。后院除了古建筑外，中间掘土建流杯池，小桥流水，岸柳石栏，花木繁盛，景观十分丰富，步移景异，应接不暇，节奏变化快速，游人的情绪自然随之紧张和兴奋。通过前后院建筑、花木等景观的疏密对比与变化，望江楼园林形成了一定的韵律感，使人产生相应的松弛和紧张的节奏感。苏州的留园，在空间布局上也做到了最恰到好处的诠释，也是留园最突出的空间特点。它的入口部分空间组合异常曲折、狭长、封闭，可以说是空间极度的幽深，给人的情绪造成一种压抑感，当进入园内主要空间中心水石庭后，景观变得开阔，便有一种豁然开朗的感觉，情绪也被提到了最高点。通过一收一放，建筑空间的幽深与开阔形成对比，极大地丰富了园林的空间内容。

(4) 建筑与自然景物对比

在园林建筑设计中，严整规则的建筑物与形态万千的自然景物之间包含着形态、色彩、质感等种种对比因素，可以通过对比突出构图中心，获得良好的景观效果。在风景园林中，亭、廊、楼、阁、榭、舫等建筑空间是主体，周围的自然景观是陪衬；或是由建筑物群围合形成的庭院空间环境中，水池、山石、花草树木等自然景观是赏景的主要内容，建筑物则作为自然景物的背景和陪衬而存在。建筑与自然景物之间的对比，或以自然景物烘托突出建筑，或以建筑为背景衬托自然景观，二者有机结合共同构成优美的景观。

扬州个园以宜雨轩为中心，游人沿着顺势的方向，可尽览四季秀景。从用石极奇独特的角度上讲，个园采用了不同质料的石料，体现不同的季节，以竹石为主体，十二生肖石象征春天，太湖石象征盛夏的江南景色，黄石烘托秋天群山的挺拔，颜色洁白的雪石突出冬日里积雪未化的寒冷感觉。配植各色竹子和花草树木，建筑与自然景观的完美结合，表达出"春山淡冶而如笑，夏山苍翠而如滴，秋山明净而如妆，冬山惨淡而如睡"的诗情画意（图2-14、图2-15）。

图 2-14　亭掩映于自然景物之中　　　　图 2-15　苍翠绿荫中的建筑

2. 园林建筑空间的围合

在建筑空间中，围合与通透的处理是空间艺术表达的重要手段之一。围与透是相对的，围合程度越强，通透性则越弱，反之亦然。因此，根据单一建筑空间或多个建筑围合空间相互之间的关系，利用不同程度的围透处理可以创造出生动的空间艺术效果。

园林建筑空间，主要是由一些建筑物围合或划分而成。园林建筑空间常利用一些墙体、栏杆、游廊、花架、假山石、树木等来围合空间，使其构成可游可赏的景观空间。没有"围"，空间就没有明确的界限，但只有"围"没有"透"，建筑空间就变成了一个孤立的封闭个体，不能形成一个完整的建筑空间，势必会影响园林建筑在园林中的作用和地位。园林建筑以娱乐、游赏、休憩为主，所以在园林建筑空间的处理上，应以"透"为主，不能妨碍游客的游赏。

（1）建筑内部空间的围合与通透

建筑内部空间的围合与通透，主要是为了满足建筑内部功能上的需要。古典园林建筑亭、榭、舫等，内部空间常用屏门、隔断、落地罩等进行空间分隔，以增加建筑空间的层次感、深远感。芙蓉榭是拙政园东部一方形歇山顶临水风景建筑，位于主厅兰雪堂之北，大荷花池尽东头。芙蓉榭室内装修也极为精美。水榭临水的西面装点有雕刻的圆光罩，东面为落地罩门，南北两面为古朴之窗格，颇有苏州园林小筑的古雅书卷之气。

（2）由建筑物围合成空间

由建筑物围合成广场空间，在小广场周边常利用坐凳、栏杆、展览栏、绿篱、花坛等围合形成小广场空间，半封闭半开敞，虚实结合，围透结合。由建筑物围合所形成的小广场空间内，可开展文化娱乐活动，构成可游、可憩、可赏的空间。

由建筑物围合而成的庭院空间，在布局上可以是单一庭院，也可以由几个大小不一的庭院相互衬托、穿插、渗透形成统一的空间。在视觉上有内聚的倾向，一般不是为了突出建筑物，而是借助建筑物和山水花木的配合，突出整个庭院的艺术意境；庭院可大可小，围合庭院的建筑物数量、面积、层数均随环境而定，由建筑物围合的庭院空间，要使单体建筑配置得体，主从分明，重点突出，在体形、体量、方向上要有区别和变化，在位置上要彼此呼应顾盼，距离避免均等，同时要善于运用空间的联系手段。谐趣园位于颐和园的东北角，由于它小巧玲珑，在颐和园中自成一园，故有"园中之园"之称。谐趣园沿着水池建有楼、亭、堂、斋、桥、榭等园林建筑，并由三步一回、五步一折的百间游廊连接，围合成一个宜人幽静的空间，点线结合，动静相随，错落相间，步步有景。

建筑围合而成的天井空间，空间体量较小，内聚性更加强烈，内聚性空间以静赏为主，适宜采取小品性的绿化景栽，利用光线明亮的天井弱化四周晦暗的空间。在建筑整体空间布局中，多用以改善局部环境，作为点缀和装饰用（图2-16）。

总之，中国园林中利用建筑物来围合空间是十分自由灵活的，因景而异，如果围合与通透的关系处理得当，则整个园林空间会显得疏密有致、自然活泼、生动有趣（图2-17）。

图 2-16　建筑围合的空间

图 2-17　园林建筑空间的内向性

3. 园林建筑空间的序列

园林建筑空间的设计，需要从总体上考虑空间环境的程序组织，使之在功能和艺术上均能获得最佳的效果。将一系列不同形式、不同性质的空间按一定的游赏路线有序地贯穿、组织起来，就形成了建筑空间的序列。在园林中，造园者应巧妙地布局园林空间，精心地组织园林空间的序列，这样就能够使园林景观更加丰富，从而激发游人游览的兴趣，满足游人的赏景需求。在一些风景区中，为赏景和休憩而设置亭、廊、榭、舫等建筑，它们的空间序列较为简单，建筑物一般都作为园区的主景，四周配以山石、溪泉、树丛、草坪、石阶等，道路、广场、长廊的走向、形式等要精心设计，以在连续的空间序列中不断展开的优美风景画面。园林建筑是穿插、点缀于自然环境之中的，建筑的内部空间与外部空间总是彼此渗透、互相融合的。

北海公园的白塔东北侧有一组建筑群，空间序列的组织先由山脚攀登至琼岛春荫，次抵见春亭，穿洞穴上楼为敞厅、六角小亭，再穿敞厅旁曲折洞穴至看画廊，可眺望北海西北角的五龙亭、小西天、天王庙、远处的钟鼓楼等许多秀丽景色，沿弧形陡峭的爬山廊再往上攀登，达交翠亭，空间序列到此结束。这就是一组沿山地高低布置的建筑群体空间，在艺术处理手法上，随地势高低采用了形状、方向、显隐、明暗、收放等多种对比处理手法，从而获得了丰富的空间变化和迷人的画面。主题思想是赏景寻幽，功能是登山的交通道，主要依靠别具匠心的各种空间序列的安排，及各空间序列之间有机和谐的联系而取得美感。

一般来说，空间序列有两种基本形式，即对称规则式空间序列和不对称自由式空间序列。

（1）对称规则式空间序列

规则式空间序列，是以一根主要轴线贯穿于整个建筑空间向纵深发展，此过程有发展、高潮、结尾，且这种序列观赏路线沿着中轴延伸，给人庄严肃穆之感。对称规则式空间序列的显著特点是观赏路线一般在中轴穿过，因此庭院和建筑物都是一点透视的对称效果，显得比较庄重。

故宫作为一个完整的建筑群非常均衡对称，总体布局为中轴对称，布局严谨，秩序井然。其中每座建筑物都是在一条由南向北的中轴线上展开，整个建筑群的中心是高大的太和殿，以此为中心由南向北伸展。利用建筑物的墙、柱、门、窗等有秩序地重复出现，产生一种韵律美或节奏美。故宫的建筑依据其布局与功用分为"外朝"与"内廷"两大部分。"外朝"与"内廷"以乾清门为界，乾清门以南为"外朝"，以北为"内廷"。故宫"外朝""内廷"的建筑气氛迥然不同。"外朝"以太和殿、中和殿、保和殿三大殿为中心，位于整座皇宫的中轴线。"内廷"以乾清宫、交泰殿、坤宁宫后三宫为中心。整个故宫，在建筑布置上，用形体变化、高低起伏的手法，构成一个对称规则式空间序列。

（2）不对称自由式空间序列

不对称自由式多用在功能和艺术思想意境要求轻松愉快的建筑组群空间布局，不求整齐划一、左右对称，而是按照山川形势、地理环境和自然条件等因地制宜布置。这种布局形式以曲折迂回见长，其轴线的构成具有周而复始、循回不断的特点。不对称自由式的空间序列形式在中国古典园林建筑空间中大量存在，是最常见的一种空间组合形式，但它们的表现又是千变万化的，其中以江南古典园林建筑为代表。如苏州的留园，采用欲扬先抑和渐入佳境的布局手法，其入口部分的空间序列，其轴线的曲折、围透的交织、空间的开合、明暗的变化，都运用得极为巧妙。

研讨：园林建筑空间的处理手法有哪些？

任务二 尺度与比例的应用

一、尺度

园林建筑中的尺度是指建筑空间的各个组成部分与具有一定自然尺度物体的比例，是设计时不可忽视的一个重要的因素。建筑的功能、审美观念和环境特点是决定建筑尺度的依据，正确的尺度应与建筑的功能、审美要求一致，并与环境协调。园林建筑是供人们休憩、娱乐、赏景的场所，空间环境应轻松活泼，富于情趣和艺术氛围，所以尺度必须亲切宜人。

1. 园林建筑的尺度

从园林建筑与环境的关系来分析尺度，面积大的环境中可放置大型园林建筑，面积小的环境只能放置小巧的建筑。著名园林建筑专家杜顺宝教授曾形容与环境和谐的园林建筑应该自然得如同从地里长出一般。

建筑与环境的关系仅考虑两者的大与小是远远不够的。环境中千姿百态的树、石、水，都与建筑发生着直接关系，即使建筑尺度与环境空间匹配，若与树、石、水等景物的尺度不符，也会削弱其艺术效果。

就园林建筑的风格来分析尺度，为不同使用功能和立意服务的建筑尺度是大不相同的。北京故宫的太和殿和承德避暑山庄澹泊敬诚殿，均为皇帝处理政务的殿堂，前者地处皇权中心，是天子坐朝之所在，为彰示至高无上的皇权，建筑尺度宏伟，后者位于皇帝避暑游玩之处，具行宫性质，尺度较小，亲切不失潇洒。南北园林建筑有较明显的差异，也是由于地域性因素，北方园林建筑尺度比南方园林建筑明显偏大，建筑风格也偏于雄壮豪迈，如避暑山庄的烟雨楼；江南园林多为私家园林，建筑尺度极为轻盈小巧，建筑风格偏于灵秀（图 2-18、图 2-19）。

图 2-18 北京故宫图片

图 2-19 荷风四面亭

现代园林建筑体现以人为本的设计原则，当一个建筑物的整体比例过大，尺度过大，令人感到不亲切时，设计师常采用化整为零的方法把它分成若干部分，以改变建筑物的比例关系，达到保留原有设计风格的目的，亦不违背人性化原则。园林建筑的游憩性质决定它的形式到功能一切都需实现"以人为本""天人合一"。除特殊情况，大多数园林建筑尺度宜小不宜大，建筑内部各种构件的尺度也应小巧轻盈。

2. 常用尺度

园林景观构图的尺度是以人的身高和使用活动所需要的空间为视觉感知的量度标准的。

坐凳：凳面高 350～450mm，儿童活动场坐凳高约 300mm。

台阶：台阶踏面宽 280～400mm，踏面高 120～180mm。

栏杆：围护性栏杆高 900～1200mm，分隔性栏杆高 600～800mm，装饰性栏杆高 200～400mm。

围墙：围护性墙体高度不小于 2200mm。

展览栏：展览栏欣赏视线中心距地面 1500～1600mm，展览栏总高度一般为 2200～2400mm。

园灯：出入口、广场灯柱高度 6～8m，小路径灯柱高度 3～4m。

月洞门：直径 2m 左右。

园路：主干道：特大型园林 6～8m，大型园林 4～6m。

次干道：大型园林 3～4m，中小型园林 2～3m。

小路：1.2～2m 或 0.8～1.2m。

亭：方亭面宽 2.7～3.6m，六角亭开间 1.8～2.4m。

柱高：一般在 2.4～3m。

廊：开间 2～3m；柱高 2.5～2.8m。

花架：开间 2.5～3.5m，柱高 2.5～3.5m，进深 2～4m。

出入口：大出入口：宽度 7～8m。

小出入口：单股人流 600～900mm，双股人流 1200～1500mm，三股人流 1800～2000mm。

3. 园林建筑空间赏景的视觉规律

控制园林建筑室外的空间尺度，使之不至于因空间的过分空旷或闭塞而削弱景观的效果，要遵循如下的视觉规律：

（1）通常在各主要观景点赏景控制视锥为 60°～90°。

（2）H/D 为 1:1～1:3，满足人体的最佳视觉规律。

H/D 大于 1:1，则使人心理上产生一种压抑、沉闷、闭塞之感。

H/D 小于 1:3，则使游人产生空旷、单调、呆板之感。

其中，H 为景物自身的高度，包括园林建筑、山石、树木等景物的高度；D 为视点距景物的距离。所以，在园林外部空间设计时，应充分考虑其 H/D 的大小，H/D 在 1:1～1:3 之间，才能取得更好的观景效果。我国古代一些优秀的庭园设计，如苏州网师园，网师园的视觉景观效果历来为世人称道。主要表现在：以水为主，主题突出，布局紧凑，沿池布置简洁自然，空间尺度斟酌恰当，亭廊轩榭依水而建。依次布置有竹外一枝轩（A）、引静桥（B）、射鸭廊（C）、濯缨水阁（D）、万卷堂、撷秀楼粉墙（E）、云岗假山（F）、月到风来亭（O）。由于月到风来亭位于全园构图中心，云岗假山是全园制高点，二者都成了最好的观景点。从月到风来亭观对面的射鸭廊、竹外一枝轩和黄石假山时，垂直视角约为30°，水平视角约为45°，均在较佳视角范围内，观赏效果较好。北京颐和园中的谐趣园、北海公园的画舫斋等庭园的尺度基本上都符合以上的视觉规律。但故宫御花园以堆秀山为主的两个庭院中，其庭园四周被大体量的建筑所包围，在小面积的两个庭园中太满太高的假山石，使得其 H/D 大于 $1:1$，给人以闭塞、沉闷、压抑之感。

该视觉规律主要用于规模较大的园林尺度分析。对于大型的风景园林而言，在其空间尺度上具有较大的灵活性，可以根据具体情境适当进行调整，而不是在其视觉规律的应用上生搬硬套。此外，处理园林建筑尺度，还要注意整体和局部的相互关系。一般情况下，较小的室外空间建筑物的尺度应适当地缩小才能取得亲切的尺度效应；在较大范围的室外空间建筑物尺度也应该按比例加大，这样才能使其整体与局部的尺度关系更加协调，但是有特殊的功能和造景要求时，可以适当地对其整体与局部的关系作调整。古代匠师们对园林建筑体量的把握有其巧妙的处理，所建建筑物屋顶形式有庑殿、歇山、硬山顶及单檐、重檐之分，皇家建筑为了体现宏伟气势，可以把亭、楼、阁、殿等做成重檐屋顶的形式，避免了因单纯按比例放大亭子的尺寸而造成粗笨的感觉，这些宝贵的设计经验，给今天的景观设计者们以很好的启示。

二、比例

比例包括建筑物本身的互相关系和建筑物与其周围环境的对比关系。尺度用来决定单个建筑或建筑群组的大小问题，比例则是用来分析单个建筑自身或群组之间的高度、长度、宽度之间的协调关系。在进行园林建筑设计时，建筑的尺度和比例是紧密联系的，应该做到比例良好、尺度正确。追求尺度与比例的和谐是景观设计的关键。

1. 园林建筑的比例

在人类的审美活动中，客观景象与人的经验形成一定的逻辑关系，给人以美感，这就是比例。比例是满足人们感觉与眼睛要求的特征。对于园林景观来说，比例是受工程技术、材料、功能要求、艺术传统、思想意识等因素影响的。园林景观主要由植物、建筑、园路、山石、水体等因素构成的，比例体现在园林景观上具有和谐美好的关系，其中既有景物本身各部分之间的比例关系，也有景物之间、局部与整体之间的比例关系，这些关系难以用精确的数字来表达，而是人们感觉上和经验上的审美概念。

2. 比例与尺度

任何一个景物在不同的环境中，应有不同的尺度，在特定的环境中应有特定的尺度。如在这个环境中景物成功的尺度，当搬到另一个环境中时，就未必成功。要形成一个完美的空间造型艺术，任何一个景物在它所处的环境中都必须有良好的比例与尺度，亦即指景物本身与景物之间有良好的比例关系的同时，景物在其所处的环境中要有合适的尺度。比例寄于良好的尺度之中，景物恰当的尺度也需要有良好的比例来体现。比例与尺度原是不能分离的，所以人们常把它们混为一谈。所谓"尺度"在西方认为是十分微妙而难以捉摸的，其中包含着比例关系，也包含着协调、匀称和平衡的审美要求。如我国江南私家园林，由于面积小，传统上的布置无论是树木还是建筑或其他装饰小品都采用较小的尺度和比例，使人感到亲切合宜。而北方皇家园林建筑则是较粗壮的柱子、厚重的台基和屋顶、低缓的屋角起翘等，一般采用较大尺度的比例，气势宏伟，显示皇家风范。这两种不同的感觉都是所采用的比例和尺度恰当而形成的。在园林景观设计中从局部到整体、从个体到群体到环境，从近期到远期，相互之间的比例关系与客观所需要的尺度能否恰当地结合起来，是园林景观艺术设计成败的关键（图2-20、图2-21）。

图 2-20　尺度和比例较大的现代廊　　　　　图 2-21　曲折幽深的传统廊

研讨：举例说明在园林建筑中怎样处理比例与尺度。

任务三　色彩与质感的应用

一、色彩

1. 色彩的情感表达

在各种视觉要素中，色彩是敏感的、最富情感的要素。色彩可以在形体表现上附加大量的信息，使建筑造型的表达具有广泛的可能性和灵活性。

色彩能有力地表达情感，其中冷暖感、远近感、轻重感，在建筑造型设计中具有广泛的实用意义。

冷暖感：不同的色彩引起不同的温度感觉。一般来说，红色、黄色给人以温暖的感觉，青紫、蓝色给人以寒冷的感觉。

远近感（空间感）：色彩有向前、后退的空间感觉。一般暖色有接近感，冷色有远离感。由于色彩的远近感差别，同一平面上的色彩可以在感觉上拉开距离，形成不同的空间层次。色彩的远近感还与明度及彩度有关，一般明色显得近，暗色显得远；彩度高的色显得近，彩度低的色显得远。

轻重感：色彩的轻重感主要由明度决定，明度越低越有重感。

不同色彩传达给人不同的情感：

红色：兴奋、热情、活力、喜庆、炙热等，常见于北方建筑红柱、红墙。

黄色：灿烂、辉煌、光明、华丽、富贵等，常见于北方建筑黄色的琉璃瓦。

蓝色：清新、秀丽、宁静、深远、宽广等，常见于自然的蓝天、大海、湖体。

绿色：健康、生命、希望、安全、和平等，常见于自然的树木、草坪。

紫色：高贵、浪漫、典雅、神秘等，常见于植物中的紫罗兰、葡萄。
橙色：温暖、明亮、活泼、富足等，常见于秋天的叶片和果实。
褐色：古典、优雅、文化、韵味、含蓄等，常见于南方建筑的柱、窗、构架。
白色：纯洁、神圣、清爽、雅致、轻盈等，常见于建筑的白墙、自然的雪景。
灰色：平静、沉默、朴素、柔和、高雅等，常见于建筑的屋顶瓦面、山石、道路。
黑色：高贵、稳重、安静、肃穆、书香等，常见于自然的夜色、南方建筑构件。

2. 色彩的作用

(1) 表现气氛

色彩表现气氛与基调色有很大关系。基调色反映色彩表达的基本倾向，它相当于音乐的主旋律，建筑色彩表现气氛，很大程度上借助于基调色的感染力。

色彩的魅力是在相互比较和衬托之中显现的。色相对比时，差别越大，色彩越显得艳丽夺目。相近色并置则显示含蓄、柔和的气氛。纯度对比使色彩鲜明、纯正。建筑中常用灰色或白色与某一单纯色彩对比的形式而取得鲜明、清新的效果。明暗对比可以使建筑面目清晰、明朗。建筑与背景呈色彩对比时，可以使建筑形象色彩鲜明；色彩可以为建筑增添难以言表的生机和活力。

(2) 区分识别

色彩具有区分作用。色彩区分可以给人以清晰的印象。区分可以传达多种信息，如区分功能、区分部位、区分材料、区分结构等都具有实际的意义。

(3) 重点强调

对特别的部位施加与其余部分不同的色彩，从而得到有力的强调。各种色彩对比是重点强调的有效方法，如纯度对比、明度对比、色相对比等。在建筑设计中重点色一般是小面积运用。

(4) 色彩对建筑形象的调节与再创造

建筑的形体造型由于受到实用、经济等多种条件的制约，往往难以达到人们的审美要求。色彩具有从多方面调节建筑造型效果的功能。对于建筑形体的某些不尽完善之处可以通过色彩的应用进行调节，还可以在已有建筑形体的基础上对建筑形象做进一步的加工或者再创造。

南、北园林建筑的色彩处理具有很明显的差别，即北方园林较富丽，江南园林较淡雅。一些北方皇家园林，如颐和园、北海公园等，不少建筑也采用青瓦屋顶、苏式彩画、墨绿色立柱等比较调和、稳定的色调来装饰，但主体部分的建筑群，如排云殿、佛香阁、智慧海等，色彩仍是十分富丽堂皇的，凸显皇家气派。与北方园林建筑相比，江南私家园林建筑的色彩处理则显得朴素淡雅，建筑最基本的色调一般采用深灰色的小青瓦作为屋顶，全部木作呈栗皮色或深棕色，个别建筑的部分构件施墨绿色或黑色，墙为白粉墙。淡雅偏冷的色调，极易与自然界中山、水等调和，给人以幽雅、宁静的感觉（图2-22、图2-23）。

图 2-22　建筑色彩丰富　　　　　图 2-23　江南园林粉墙黛瓦

研讨：南北方园林建筑的色彩处理有什么不同？

二、质感

1. 质感的性质

色彩和质感都是材料表面的某种属性，很难把它们分开来讨论。就性质来讲，色彩的对比和变化主要体现在色相之间、明度之间以及纯度之间的差异性；而质感的对比和变化则主要体现在粗细之间、坚柔之间以及纹理之间的差异性。在建筑界面处理中，除色彩外，质感的处理也是不容忽视的。

当俯视地面时，我们看到草坪、砂地、石板路、水磨石、木地板、地毯等，这一切天然的和人工的地面构成了无数的质感。当我们环顾四周，砖墙面、石墙面、抹灰面、油漆面、金属面、镜面、大理石面、壁纸面、各种纹理的木材面、织物的表面等细腻的、粗糙的、坚硬的、柔软的、反光的、透明的材料无一不在表示自己的质感。质感向人们展示小的形式单位群集组合的界面效果。界面的纹理反映界面基本样式的秩序和式样。基本形式单位的形态及组合变化的差异构成了质感表达的丰富性。

建筑中的质感还与观赏距离密切相关，砖缝显示的纹理效果只能在近距离被感知，在近处看是粗质感、粗纹理的质感，随着视距的增大会成为细质感或细纹理。而建筑立面上的窗与窗间墙构成的匀质图案，在城市景观中可以显示质感和纹理效果。

2. 质感的表达

不同的质感有不同的表达，光洁的表面给人以简洁、清纯、轻盈的感觉，粗糙的质感给人以朴实和厚重感。一些质感给人以良好的触感，使人感觉舒适；有些质感富有视觉联想因素，如大理石、木材面的纹理，艺术家利用它本身就足以创造出意味深长的作品。含蓄的变化斑纹富于柔情，适合长期性的、日常性的视觉要求，明显的对比可以在很短的时间给人以深刻的印象。有些质感对环境能做出敏锐的反应，如金属面、镜面，通过它们，环境的景观闪烁可见。有些材料的质感形态诱人，富有情趣，如卵石路面等。

质感引起的感觉是其他形式要素不可取代的。由于质感具有的视觉和触觉联合作用的性质能造成深刻的知觉体验，软硬、粗细、滑涩，都是通过接触可以获得的感觉。

三、色彩与质感的处理方法

在进行园林建筑及小品设计时，处理建筑色彩与质感的方法，主要通过对比或微差取得协调，突出重点，以提高艺术的表现力。

1. 对比

色彩、质感的对比与前面所讲的大小、方向、虚实、明暗等各个方面的处理手法所遵循的原则基本上是一致的。在具体组景中，各种对比方法经常是综合运用的，只在少数的情况下根据不同条件才有所侧重。在风景区布置点景建筑，如果突出建筑物，除了选择合适的地形、方位和塑造优美的建筑造型外，建筑物的色彩最好采用与树丛山石等自然环境具有明显对比的颜色。如要表达富丽堂皇、端庄华贵的气氛，建筑物可选用暖色调高彩度的琉璃瓦、门、窗、柱子，使其与冷色调的山石、植物取得良好的对比效果。绿地中布置景观雕塑小品时，可选用白色能与绿地形成很好的对比色，更加彰显了雕塑小品的艺术感染力（图2-24）。

2. 微差

所谓微差是指空间的组成要素之间表现出更多的相同性。园林建筑中的艺术情趣是多种多样的，为了强调亲切、宁静、雅致和朴素的艺术气氛，多采用微差的手法取得协调，突出艺术意境。如成都杜甫草堂、望江亭公园、青城山风景区和广州兰圃公园的一些亭子、茶室，采用竹柱、草顶，或墙、柱以树枝、树皮建造，给人就地取材的感觉，使建筑物的色彩与质感和自然中的山石、树丛尽量一致，经过这样的处理，使其显得异常古朴、清雅、自然、耐人寻味。园林建筑设计，不仅单体可用上述处理手法，其他建筑小品如踏步、坐凳、园灯、栏杆等，也同样可以仿造自然的山石与植物和环境取得协调（图2-25）。

图2-24 海边的白色雕塑　　　　图2-25 广场上的星座雕塑

研讨：举例说说园林建筑材料的质感如何应用。

任务四 园林建筑材料及应用

一、园林建筑材料及应用

园林建筑所使用的材料是非常广泛的,根据不同的材料特性,适用于不同的园林建筑(表 2-1)。

表 2-1 园林建筑材料分类

材料分类			实例	适用范围
非金属材料	无机材料	天然石材	砂、石及石材制品等	堆山、置石、营造园林建筑,各种建筑、道路、小品等构筑物的面层装饰,或被制成景观小品
		烧土制品	烧结砖瓦、陶瓷制品等	景墙、屋顶、墙面、路面、园林小品等
		胶凝材料及制品	石灰、石膏、水泥及混凝土制品、硅酸盐制品等	墙体,镶贴大理石、水磨石、粘贴面砖、路面、汀步、坐凳、灯柱、亭、廊、花架、花坛、柱、各种小品等
		玻璃	普通平板玻璃、装饰玻璃、特种玻璃等	常用作建筑物的门、窗、墙面装饰;也可做现代亭、花架的屋顶、现代小品设施等
		无机纤维材料	玻璃纤维、矿棉纤维、岩棉纤维等	各类小品设施、装饰等
	有机材料	植物材料	木材、竹、植物纤维及制品等	古典园林建筑以木结构为主,历史悠久,木材广泛运用于建筑构件(柱、梁、檩、椽、枋、斗拱等),装饰构件(花格、挂落、花牙、雀替、门窗框架等)
		沥青类材料	石油沥青、煤沥青及制品等	园路、停车场、硬质铺地等
		有机合成高分子材料	塑料、涂料等	常用于现代园林中的坐凳、雕塑、儿童设施、标志物、小品等
金属材料	黑色金属		铁、钢及合金等	用于花架、栏杆、雕塑、建筑屋架等
	有色金属		铜、铝及合金等	用于花架、栏杆、支撑、雕塑、小品及其装饰等
复合材料	有机与无机非金属材料复合		聚合物混凝土、玻璃纤维增强塑料等	雕塑、小品等
	金属与无机非金属		钢筋混凝土、钢纤维混凝土等	桥梁、挡土墙、平屋顶、建筑基础、路面、仿树根桌凳、仿树根灯柱等
	金属与有机材料复合		PVC钢板、有机涂层铝合金板等	天花板、墙、展示台、桌椅等

二、建筑材料与质感

园林建筑的外观由建筑材料的色彩和质感决定。建筑物具有直观性和立体性的特点,建筑材料的质感选取很重要,对于建筑设计师的设计理念和设计灵感的表达会产生很多积极影响。在建筑设计时,除了建筑形体结构和光影明暗,还应合理运用色彩和质感,提高建筑外观的美感,以适应人们日益提高的审美水平。

不同的建筑材料带给人不同的质感，体现园林建筑不同的意境（表 2-2）。

表 2-2　材料与质感

材料	质感
水泥	光滑、宁静、朴实、素雅
混凝土	牢固、坚硬、现代、冷静
砖	自然、休闲、朴实、文化
瓦	古典、民俗、韵味、传统
木材	自然、纯朴、温馨、亲切
竹材	古朴、自然、幽雅、清纯
汉白玉石	纯洁、华丽、富贵、雅致
花岗岩	现代、坚硬、自然、华丽
玻璃	透明、通透、明朗、现代
金属	坚硬、寒冷、光滑、富贵
塑料	活泼、轻盈、鲜明、清洁、时尚

质感表现在景物外形的纹理和质地两个方面，纹理有直曲、宽窄、深浅之分，质地有粗细、刚柔、隐显之别。质感虽不如色彩能给人多种情感上的联想、象征，但是质感可以加强气氛。质感可使建筑获得苍劲、古朴、柔美、轻盈的风格。

传统园林建筑材料，以木、砖、石为主，随着时代的不断进步，现代园林建筑采用玻璃、钢材和各种新型建筑装饰材料，造型简洁、色彩明快，建筑材料的变化引起了建筑形、色的重大变化，建筑风格也因此发生着很大的变化。现代园林建筑在建筑材料、造型等方面都有了很大的发展，特别是以钢筋混凝土、砖石等结构为骨架的建筑物，在园林中的运用越来越广泛。这些结构不仅坚固耐久，不易腐蚀，可塑性强，而且也体现了新材料、新结构在现代园林中的应用。

随着科技的进步，园林材料种类不断丰富、应用不断拓展是一种必然趋势。园林建设者在选用材料的过程中，一方面要坚持因地制宜、就地取材的基本原则；另一方面，要有与时俱进的精神，勇于推陈出新，不断探索和尝试新材料的使用和推广。

技能训练

技能训练一　中国古典园林建筑空间布局分析

1. 目的

通过分析颐和园建筑空间布局特征，进一步掌握中国古典园林建筑空间布局形式和特点，加深对古典园林建筑空间的处理手法的理解，提高园林建筑设计的技巧和方法。

2. 任务

学习颐和园建筑空间布局特征分析案例，掌握古典园林建筑空间布局形式和处理手法，做好归纳总结。

颐和园建筑空间布局特征分析

颐和园前身是清漪园，万寿山原名翁山，昆明湖原是瓮山泊，或者称北京西湖。乾隆十五年（1750 年），为筹备崇庆皇太后的 60 寿辰，乾隆帝下令拓宽西湖、改拓翁山以建清漪园为母庆生，也因此将翁山改为万寿山。乾隆帝把山、水改造以迎合母亲生辰，具体体现在万寿山、昆明湖整体轮廓上。

从图 2-26、图 2-27 中可以发现，万寿山前山和昆明湖前湖构成一个巧妙的景观："蝠"山、寿"海"。颐和园利用山地地形是凸地形，让万寿山看起来像一只形态逼真的展翅翱翔的蝙蝠。在清代，蝙蝠是"吉祥物"，这一点从故宫或者各种王府的门窗、石雕上都有蝙蝠图案就可以看出，"蝠"与"福"同音，寓意着"福气、福分"等。因此万寿山是"蝠"山。昆明湖前湖中，东堤、西堤与靠近建筑群的边线所围成的图案更是宛如一个寿桃，本文形象地称昆明湖为寿"海"。而这"蝠"山寿"海"也有"福如东海、寿比南山"的寓意，正符合乾隆帝为母庆生的初衷。

图 2-26　"蝠"山寿"海"卫星遥感图

图 2-27　颐和园长廊卫星遥感图
1—佛香阁；2—排云殿；3—排云门；4—云辉玉宇牌楼；5—石丈亭；
6—清遥亭；7—秋水亭；8—寄澜亭；9—留佳亭；10—邀月门

颐和园长廊建筑是颐和园建筑一大特色，学者对于长廊的研究多局限于长廊壁画。本文则侧重于长廊及其周围建筑空间布局特征和所形成的景观寓意（图 2-28）。

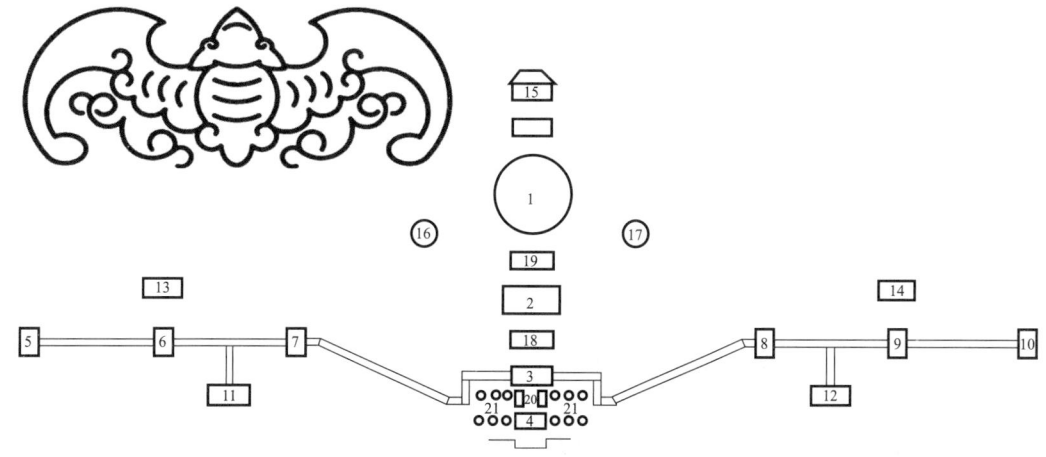

图 2-28　颐和园长廊示意图
1—佛香阁；2—排云殿；3—排云门；4—云辉玉宇牌楼；5—石丈亭；6—清遥亭；7—秋水亭；
8—寄澜亭；9—留佳亭；10—邀月门；11—鱼藻轩；12—对鸥舫；13—听鹂馆；14—养云轩；
15—智慧海；16—五方阁；17—转轮藏；18—二宫门；19—德辉殿；20—铜狮一对；21—十二排衙石

颐和园长廊东起邀月门，西至石丈亭，中间穿过留佳亭、寄澜亭、排云门、秋水亭、清遥亭。全长728米，是中国古典园林中最长的游廊。颐和园长廊示意图中，长廊以排云殿、佛香阁所在的直线为轴线，向东西两边对称地展开，将分布在万寿山前的建筑连成一体，横跨东西的长廊，宛若硕大的蝙蝠飞翔在万寿山上，东西两侧为蝙蝠的一对展翅的翅膀，佛香阁、排云殿所在轴线为蝙蝠头部。长廊建筑所形成的这只蝙蝠正展翅向万寿山方向飞翔，形态逼真。这也与万寿山所形成的蝙蝠相互对应，也使得整片山区建筑都在双"蝠"之上。

建筑"南密北稀"颐和园最后作为慈禧太后颐养天年的地方，其建筑空间布局颇为讲究，建筑物的空间布局呈现"南密集、北稀疏"的结构。颐和园主体建筑区（即为万寿山区）从南开始至北结束，海拔逐渐升高，其建筑物从密集逐渐稀少至寥寥无几，在万寿山北边的建筑只有须弥灵境为主体的一个建筑区域了。而万寿山南面的建筑群则更加密集：有以仁寿殿为主体的"朝寝区域"，即皇帝和太后的办公场所和其住宿的地方，此外还有以颐和园长廊、佛香阁、排云殿等建筑物为主的建筑区域。如此布局展现了前山前湖主景突出、后山后湖曲折幽邃的景观感受（图2-29）。

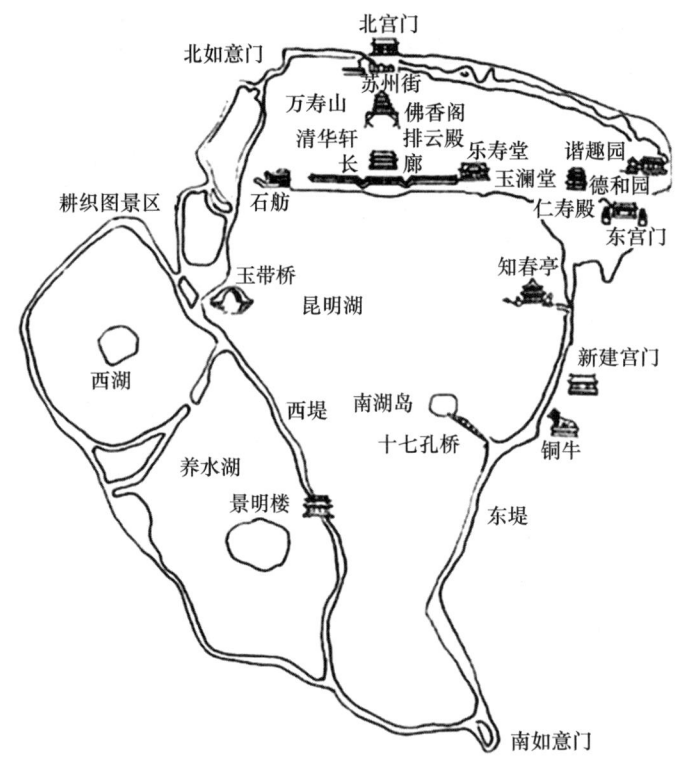

图2-29 颐和园平面示意图

技能训练二 现代园林建筑空间布局分析

1. 目的

通过案例苏州博物馆新馆建筑空间布局分析，掌握中国现代园林建筑空间布局形式和特点，加深对现代园林建筑空间处理手法的理解，提高园林建筑设计的技巧和方法。

2. 任务

学习苏州博物馆新馆建筑空间布局分析案例，掌握现代园林建筑空间布局形式和处理手法，做好归纳总结。

苏州博物馆新馆

1. 建筑概况

2006年10月6日苏州博物馆新馆落成揭幕，这是著名建筑大师贝聿铭先生受邀在其家乡完成的作品。苏州博物馆新馆以"中而新，苏而新""不高不大不突出"为建筑最大特点。整个博物馆建筑群在现代几何造型中体现了错落有致的江南特色，为一座集现代化建筑、古建筑与创新山水园林三位于一体的综合性博物馆（图2-30）。

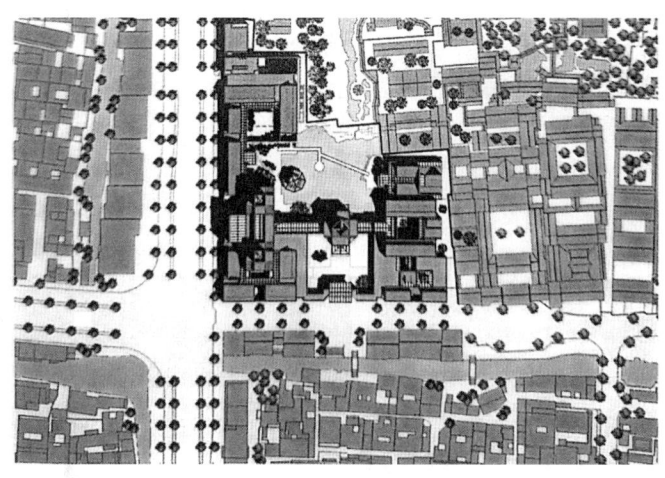

图2-30 苏州博物馆基地配置图

2. 建筑布局

贝聿铭将新馆设计为一座园林式博物馆，地面两层，地下一层。其中建筑基底面积约占58%，余皆为庭院。庭院设计以传统园林为鉴，与建筑互相依托，在有限的范围内营造了丰富多变的视觉空间。

建筑分为三个功能区：中心部分是入口处、大厅和博物馆花园；西部为博物馆展区；东部为现代美术画廊、教育设施、茶水服务以及行政管理功能等，并同时与东面的忠王府相连。大厅是博物馆的核心，位于入口的前庭与博物馆花园之间。这个拥有八个角的大厅是通过对传统的苏州建筑和中国建筑要素的几何形状转变以及重新诠释设计出来的，它是所有参观者的向导并为去各展区提供通道。博物馆建筑的空间布局沿用了传统的主次轴线、院落空间递进以及平行并置等手段。各展厅均考虑了观景的问题，在与拙政园相连接之处，采用粉墙相隔，而水体相连，使空间产生延绵之感。主庭院在整个建筑组群中处于空间核心的重要地位，建筑围绕主体庭院铺展开来，高度均为两层，从而在尺度上给予庭院一定的开阔性。该院由新馆建筑围合，是拙政园西花园的延伸部分，水体隔而不断。庭园中石景采用石材切片加以堆砌，"以壁为纸，以石为绘"，高低错落排砌的片石假山，在朦胧的江南烟雨笼罩中，营造出了水墨山水画的意境（图2-31～图2-34）。

图 2-31 钢构与玻璃构成的博物馆大门

图 2-32 连接西侧馆舍与大堂的走廊

图 2-33 高低错落的片石假山

图 2-34 庭院一角

3. 建筑空间处理手法

新博物馆在造型元素和空间构成上，吸收了大量传统园林建筑的处理手法。新馆屋顶设计灵感来源于苏州传统的坡屋顶形式。但新的屋顶已被现代技术重新诠释，并演变成一种奇妙的几何效果。首层展厅与廊道由墙隔断分开，步入廊道，展厅的构架、天花使人联想起中国传统园林建筑的语言，而廊窗外的一个个庭院，由窗取景，若隐若现。庭院有别于传统园林所讲究的曲径通幽，以另类的开放广场形式呈现。庭院中的假山、小桥、亭台、竹林与池塘，经巧妙地组合后，全然不是典型苏州园林的风貌，应当以"苏而新"形容之。

技能考核

考核项目	考核内容	总结归纳	自我评价
知识考核	园林建筑的布局方法		□A □B □C
	园林建筑空间处理手法		□A □B □C
	园林建筑的尺度和比例		□A □B □C
	园林建筑的色彩和质感		□A □B □C
	园林建筑材料种类及应用		□A □B □C

续表

考核项目	考核内容	总结归纳	自我评价
技能考核	合理进行园林建筑布局		□A □B □C
	运用建筑空间处理手法		□A □B □C
	合理选择建筑材料		□A □B □C

注：学生完成学习任务后，结合总结归纳、知识检测和技能训练的完成情况，进行评价。（在相应级别前划"√"，A、B、C代表掌握的程度由高到低。）

中国古代造园专著《园冶》

《园冶》是一部造园专著，是我国第一部全面阐述造园法则的书，既是科学著作，又是美学、艺术著作，书中图文并茂，文字清新雅丽，并附有各种建筑物的结构图和装饰图案。全书论述了宅园、别墅营建的原理和具体手法，内容丰富，文笔优美。作者计成是明代著名的造园家，他"少有林下趣，逃名丘壑中"，将园林创作实践总结成《园冶》，总结了古人造园经验，惠泽千古。

《园冶》书分三卷，字约一万四千，附有楼阁亭榭、轩廊栏杆、屋宇梁架、窗墙砖石等各类插图二百余张。主要内容为兴造论和园说，园说又分为相地、立基、屋宇、装折、门窗、墙垣、铺地、掇山、选石、借景10篇。《园冶》为后世的园林建造提供了理论框架以及可供模仿的范本，也是中国最早、最系统的造园著作。

项目三

园林单体建筑设计

[知识目标]
- 掌握园林单体建筑如景观入口、亭、廊、榭、舫等的功能
- 了解不同园林单体建筑的类型和特点
- 描述不同园林单体建筑的结构特征
- 掌握园林单体建筑的设计要点
- 掌握各单体建筑的设计方法和步骤

[技能目标]
- 调研优秀园林单体建筑设计实例,灵活运用其设计手法
- 能够根据不同的园林环境特点,合理选择园林单体建筑的体量与形式
- 能够进行园林单体建筑的方案设计,并完成设计图的绘制
- 能够正确识读园林单体建筑施工图

[素质目标]
- 依托设计实训,磨砺工匠精神
- 培育学生实践创新、追求卓越的职业道德品质

任务目标

掌握园林单体建筑如景观入口、亭、廊、榭、舫等的功能、类型和特点;了解不同园林单体建筑的结构特征;掌握各个园林单体建筑的设计要点;能够根据不同的园林环境特点,合理选择园林单体建筑的体量与形式;能够进行园林单体建筑的方案设计,并完成设计图绘制;能够正确识读园林单体建筑施工图。

任务一 景观入口设计

景观入口是整个园林的起始点,是园林中最为突出醒目的建筑之一,它体现了整个园林的性质、风格、特点、规模,并体现一定的地域风格和文化色彩。景观入口不仅起到隔断、围合、标识与划分组织空间,控制人车行出入与集散,本身的装饰性和观赏性也可点缀园林环境。这里的景观入口不仅是风景区、公园等出入口,也包括居住区绿地空间的出入口。设计精美的景观入口,无论是依附于园林景物之中,或是相对独立,其造型及立意经过艺术加工、精雕细琢,具有自己的特点和个性,必将为整个园林增添景致,并成为园林及城市文化中富有特色的标志性建筑。

一、景观入口的功能

1. 标志空间

标志空间是指景观入口通过自身的外观形态、个性特征既丰富了园林景观，形成园林起始点标志性展示空间，也创造了不同的视觉观赏角度，塑造形成了不同风格的景观出入口空间。景观入口应该以最直接的形态反映园林特点，展示出与众不同的个性，结合景物的布置，如山石、水池、绿植、花丛、景观小品等，或虚或实，疏密有致，呈现一种进入画境的美感，增添游览者的兴致。居住区景观入口往往以地名加项目名作为入口标识，景观入口在展现其美观性、个性的同时，应与园林环境、城市环境、时代背景和谐共处（图3-1、图3-2）。

图3-1　青龙山景区入口　　　　　　图3-2　黄山景区入口

2. 划分空间

划分空间是指利用景观入口的布局设计，可以明显地将景观入口空间与周边空间相分隔，形成不同功能或景色特点的景观出入口空间，也可以利用地形地势、建筑小品、雕塑、水景或绿化等，在景观入口空间形成隔景、障景、对景、借景等，以不同的方式创造和划分景观出入口的内、外部空间。

设计者常利用地形作为景观入口分隔空间的手段。平坦地形的横向延展性，易导致景观入口缺乏垂直方向的设计元素，需要树木、围栏等垂直要素来弥补空间上的空白。景观入口设计坡地形，可利用坡度本身发挥限制空间和封闭空间的作用，结合绿化种植的配套设计，能构成并点缀小范围空间的环境和气氛。利用不同的地形，将景观入口空间划分为不同的功能区域，激发游览者的内在情绪和感受，使游人全身心地融入园林之中。

3. 交通集散

景观入口最首要的功能体现在疏导人流及交通集散，尤其节假日及园内大型活动时，人流及车流剧增，需妥善解决大量人流、车流的交通集散和安全等问题。例如，景观入口根据当地日常和节假日人流量的多少来安排景观入口的布局。例如，地形地势的起伏变化性，能有效地影响导游路线和游人行进速度。景观入口的宽广疏朗和狭窄阴郁也能控制游人的出入与集散。景观入口在设计时应注意人车分流，避免人车混杂，并注意主入口设置与城市交通干道保持适当的距离。

4. 完善功能

功能完善的景区入口应具有门卫、售票、验票功能，并可为游人提供一定的服务，如小卖部、公用电话、照相、物品寄存等。居住区景观入口除保安外，应设置安全防御系统，如监控系统、道闸、人行刷卡门等现代化防御设施，多重保障景区的安全。

因此，园林往往通过对起始点景观入口的艺术处理来体现整个园林的特性和建筑艺术的基本格调。景观入口设计既要考虑其在该园林景观中的独立性，又要做到与全园的艺术风格统一，空间处理应合理，交通流线应通畅等。成功的景观入口设计必须在功能完善的基础上，立意新颖、巧于布局、富有个性、富于艺术感染力。

二、景区入口的形式

景观入口按其建筑形式主要可以分为以下几类：

1. 牌坊、牌楼

牌坊和牌楼都是我国古代建筑中的标志性建筑，常作为一种入口标志。其布置于城市街道的起点与中段，里坊的入口处，寺观、苑囿的前面等，起点缀及提示作用。从造型上看，立柱与横板上没有斗拱及屋顶结构的多称为牌坊，而立柱与横板上有屋顶者则常称牌楼，常用有庑殿顶、歇山顶、悬山顶。牌坊主要是以宣扬标榜功德为目的的纪念性建筑物；而牌楼则是以强化突出其标志为主要目的，主要功能是标志引导、装饰美化（图 3-3）。

2. 垂花门

垂花门在北方园林中经常采用，多作为内部庭院的大门，或者用于居住性或游览性小园的正门或侧、后门。垂花门的重要形态特征就是多由门两旁柱上挑出挑枋，挑枋前端承挑垂柱，用以支撑挑檐，垂柱柱头常进行雕刻，如莲花、南瓜等。

3. 屋宇式门

屋宇式大门是园林中运用最为广泛的大门类型，它往往能够较好地解决遮风避雨问题，同时又能满足实用之需。屋宇式大门的开间为多三、五开间，通常在中间开间设门，两侧开间作为辅助用房使用。建筑造型多采用悬山顶、歇山顶、硬山顶，也有采用组合屋面的。济南趵突泉公园和杭州花港观鱼公园入口采用屋宇式门（图 3-4）。

图 3-3 景区入口牌楼门

图 3-4 屋宇式景观入口

4. 山门式

这是我国传统的入口建筑形式之一。山门是古代寺庙放在集市上或者山脚下的第一道门，即寺院的外门或正门，因为寺院大多建在山林之间，所以被称为山门。一般在道观门或寺庙门外设有山门等建筑标志。山门就是山林建筑群的序幕空间，对园林而言起着表征和导向的作用。

5. 阙式

阙是我国古代设置在宫殿、城垣、陵墓、祠庙大门两侧标示地位尊崇的高层建筑物。阙式大门由古代石阙演化而来。石阙为墩状，雄伟、浑厚、庄严、肃穆。现代的阙式园门一般在阙门座两侧连以园墙，门座中间设铁栅门。由于门座间没有水平结构构件，因而门宽不受限制，也有利用阙座内部空间做管理用房。

6. 柱式

柱式大门主要由独立柱和铁门组成，柱式门和阙式门的共同特点是：门座一般独立，其上方没有横向构件，区别在于柱式门之比例较细长。有些柱由于其体量较大，也有利用柱体内部空间做门卫或检票口用。公园柱式大门有对称结构，也有不对称结构。在现代园林中，柱式大门的柱也发生了丰富的变化，有倾斜式、圆弧式等。

7. 顶盖式

顾名思义，就是在承重构件上方筑有顶盖，顶盖的形式还有平顶、拱顶和折板顶等。曲折的屋顶，高低起伏，生动活泼。平顶式的园门易于适应各种较复杂的平面，应用范围较广。

以上各种形式的景观入口历史悠久，形象优美。近年来园林景观入口设计，由于功能、结构、材料和设备等方面不断发展，不少园门设计在继承传统的基础上进行了大胆的革新，形式更为灵活，出现了仿生形、雕塑形、现代几何形、不规则等形式，更加符合时代特征，更具艺术感染力。

三、景观入口的组成

景观入口作为城市园林的重要组成部分，满足交通出入的需要，是景观入口产生的最初原因，担当着交通集散、人流疏导、门卫管理以及小型服务等功能。对于较大规模的园林，入口空间本身就是建筑群，在空间构成上存在一定的完整性。入口空间通常在大门建筑或其他实体建筑中设置售票、检票、办公等管理用房，其管理功能作为城市公园正常运转的保证。即使免费开放的城市公园，在取消售票、检票的功能后，入口空间的保卫、监管功能将强化，以保证城市公园更好地为游人服务。

景观入口的基本组成主要包括：出入口、售票室及收票室、门卫管理、小型服务用房、入口内外广场及游人临时等候区域、停车场、自行车存放处等。另外，景观入口位置明确，交通便利，聚集诸多的服务设施，包括餐饮、接待、小卖部、电话亭、照相亭、物品寄存处、游览导游等。居住区景观入口则更注重门体及安全防御系统的设计（图3-5）。

图 3-5　居住区入口设计

研讨：实例分析各景观入口的功能、形式。

四、景观入口的设计要点

1. 景观入口的选址

园林景观入口设计从景观上说，是创造某种和大自然环境相协调并具有重要功能的空间。景观入口的选址和空间处理是园林规划设计中的一项重要工作，景观入口的处理不仅影响游览的便捷性，还直接影响公园与城市道路的衔接和交通组织，以及人流集散的安全性、景区内部的功能分区和整体规划。所以，景观入口的选址应先服务于园区的总体规划，景观入口选址的成功，有利于使用功能的有效发挥，艺术意境的创造，会进一步提升整个园林的景观效果。

（1）选址与园区周边的道路交通

景观入口在选址时，应充分考虑交通的便利性，考虑公交线路、站点的位置及主要人流的来往方向等因素。《公园设计规范》（GB 51192—2016）中规定："为方便广大游人使用和美化市容，市、区级公园应沿城市主、次路或支路的红线设置，条件不允许时，应设通道解决主要出入口的交通"。"市、区级公园各个方向出入口的游人流量与附近公交车设站点位置、附近人口密度及城市道路的客流量密切相关，所以公园出入口位置的确定需要考虑这些条件"。设计时一般将园林景观主入口位置设在城市主干道一侧，既便于交通疏导，又利于交通安全；若园林规模较大，应在其他位置的次干道方向设置次要入口，以方便城市附近居民就近进出。在城市主干道交叉口及过境干道一侧，一般不宜设园林景观主入口，以免影响城市交通，避免留下安全隐患。

（2）选址与园林的总体规划布局

园林景观入口是园林游览线路的起点，园林中主要景点的布局决定着游览线路的走向，游览线路的走向影响了景观入口的位置。景观入口的位置不是唯一的，综合考虑园林中各个景点的位置、游览线路的走向、周围环境等众多因素，来确定景观入口的最佳位置。园林的总平面布局可分对称式、非对称式和综合式等。景观入口的位置一般和园林总平面的对称轴线有着密切的关系。一般而言，纪念性园林在布局上常有明显的中轴线，景观入口的轴线亦多与园区轴线一致，这样从大门入园可给人庄严、肃穆的感觉。而一般游览性公园多采取不对称的自由式布局，营造轻松和活泼的园林氛围（图3-6、图3-7）。

图 3-6　摩星岭景点入口　　　　　　　　图 3-7　青龙山景观入口

2. 景观入口的空间处理

景观入口的空间一般包括出入口内、外广场两部分。

外广场是游人首先到达的地方，一般由大门、售票室、商店、围墙等组成，再配以树木、花卉等。售票室设在大门的一侧或两边，也有的把售票室另设于园内。开放型的公园，门前的交通流量较大，每逢节假日时，人流、车流更为集中，外广场的设计要发挥缓冲交通、人流集散的作用。功能完善的外广场会设置一些服务设施，如出售纪念品、旅游资料、小食品、出租自行车等。大门是景观入口空间的构图中心，广场空间的组织要有利于展示大门的完整艺术形象。

二维码微课堂

内广场空间一般指在进入园内后由照壁、土丘、雕塑、水池、粉墙和大门等所组成的约束性序幕空间。此处空间具有组织人流和空间序列的作用，游人入园后自此拉开游园的序幕。有些公园内广场空间的处理由于某种功能要求和结合园内特殊环境的需要，往往采取纵深较大的开敞性空间。

花港观鱼南入口，由一条环绕花港观鱼的水系将整个公园从城市空间中划分出来，设计时以花港公园的总体规划作为基础，引入现代园林设计的理念，创造出开放式的入口景观。入口空间通过石景、园林小品、绿化、亭榭等布置，既与公园景观和城市空间景观相融合，又给人美的享受。入口广场从视觉效果和行为特征出发，营造出景色优美的人性化空间，注重景观的体量和位置，让游人方便、自由地活动。入口边缘的公园边界，既有水系与植物群落的围合，又有乔木种植间隔留出的通透空间，既增强了边界的开敞性，市民可以从园外隐约看到园内景致，颇具美感，又起到了空间划分的作用。过于通透的空间会使人们对园内的景色一览无余，适当进行遮挡，更加引人入胜。入口空间在设计时，利用地形的起伏和水系，创造良好的水景空间，满足游人的亲水心理。充分利用湖面和植物元素，与城市街道自然衔接，使游人进入公园入口空间时不感到突兀。入口设置入口广场，为流动之中短时间停留的游人提供集散、等候、休息的场所。广场与街道衔接处设置了间隔的矮石柱，限制机动车进入，以保障公园内部的秩序和游人的安全。广场结合地形采用自然式布局，进入广场便可以看到开敞的湖面，围绕"湖"的主题，与公园、城市的文化内涵紧密联系。静态水呈现一种安详、宁静、舒展的氛围，与硬质的入口广场结合起来，构成了错落有致的公园入口景观。

景观入口空间，应充分利用植物配合地形进行合理配植，把大自然赋予植物的独特质感形象地表现出来，并配合山石、铺装、小品布置，营造舒适自然、独具特色的入口空间（图3-8、图3-9）。

图 3-8　汤山矿坑公园景观入口

图 3-9　广州白云山郑仙岩景区入口

3. 出入口布局设计

出入口有大、小之分，但其具体宽度需由功能需要来确定。公园小出入口主要供人流出入用，一般供正常人流量通行，出入口的平面布置形式见表3-1。

表 3-1　景观出入口的布置形式

出入口布置形式	平面示意图
大小出入口合并为一个，车流人流不分，适合于人流量不大的大型公园或规模较大公园的次入口	
大小出入口分开，售票管理房设在小出入口一侧，适用于一般公园大门	
大小出入口分开设置，售票室设在中间，可兼顾两侧售票，适用于人流量较大时使用	
入口与出口分开设置，入口连接游览路线的起点，出口连接游览路线的终点，便于疏散人流，适用于大型公园使用	
大小出入口分开设置，对称布局，适用于对称式布局的大型公园	

大出入口除供大量游人出入外，有时在必要的情况下，还需供车流进出，故应以车流所需宽度为主要依据。一般需考虑出入两股车流并行的宽度，需7000～8000mm宽，出入口的宽度要求见表3-2。

表 3-2　出入口宽度基本要求　　　　　　　　　　　　　　　　　　　　单位：mm

类型	单股人流	双股人流	三股人流	自行车	轮椅	小型轿车	轻型卡车	中型卡车	大型卡车	起重车
宽度	600～650	1200～1300	1800～1900	1200	1200	2700	3000	3300	3600	3900

4. 停车场设计

停车场主要是为了满足非机动车和机动车的停放要求。公园平时开放时，游人多借助自行车出行，所以非机动车（即自行车）停车场成为景观入口广场空间中不可缺少的部分。随着生活质量的提高，汽车也成为多数人的代步工具，自驾车出游的方式已经成为现代都市人们的首选。节假日、郊游季节，公园门口汽车停放量剧增，园林景观入口机动车的停放成为景观设计不容忽视的部分。

（1）机动车停车场设计

为避免影响交通安全和造成交通拥堵，景观入口的机动车停车场比较适合独立设置，不应与景观出入口广场结合到一起；同时要求人车分流，避免人流车流交叉穿越。其次，要根据车辆的停放量、类型以及方便和安全要求，有效地安排停车位、出入口及通道。如营口熊岳植物园在入口设有较开阔的入口广场，在附近另设机动车停车场（图3-10、图3-11）。

图3-10　熊岳植物园外广场东侧停车场　　图3-11　熊岳植物园开敞的内广场

（2）非机动车停车场设计

公园自行车停车场的设计必不可少。常设在绿荫中，以绿带做隔离，从而不影响景观的美感。停车场面积与停车数量、排列方法、过道组织有关，一般可按 $1.2\sim1.5m^2/$ 辆计算。自行车停车场的设置基本上有两种方式：一是自行车停车场设置于景观入口外广场，方便存取，但影响入口外广场的美观，有时会造成人流、车流互相干扰。二是停车场单独设置于入口外广场之外，另辟空场，即不影响入口的景观，避免人流干扰；但应避免离大门较远，造成存取不便。

5. 附属建筑的设计

（1）售票室设计

售票室是园林大门最基本的功能组成部分，常采用两种布局方式：一是售票室与门体建筑结合而建；二是售票室与门体建筑分开设置，独立设置为售票亭。每个售票位不小于 $2m^2$，每两个售票窗口的间距不小于1200mm。售票室外应有足够的广场空间，用于游人购票停留。

（2）门卫室、管理室设计

门卫室、管理室是辅助收票，维持出入口秩序，管理园区日常工作的空间。门卫室可与售票室相邻或组合设计，面积不宜过大，管理室也可单独布置。

（3）售票室及门卫、管理室一般需设较大窗口，因此受室外季节气候的影响严重，在设计时应主要解决以下三个问题：

① 选择良好的朝向并做好遮阳措施

售票室、管理室等建筑朝向的优劣将直接影响工作条件。一般应使功能窗面朝南，或朝东南，或朝西南，方能获得充足的日照及较好的通风条件。当选取不到较好的朝向时，应做遮阳设施。常采取挡板式遮阳、水平遮阳、绿化遮阳等。

② 屋顶保温隔热措施

屋顶保温隔热措施是防止太阳辐射热对室内侵害的重要方法，尤其南方夏季更为突出；北方地区屋顶及墙体的保温措施也是改善室内冬季环境不可忽视的措施。同时也要注意通风，使室内工作区有穿堂风。

研讨：景区入口和居住区入口的设计有哪些不同？

任务二　亭的设计

"亭，停也，人所停集也。"（东汉刘熙《释名》），亭是我国传统的园林建筑形式之一。亭的历史悠久，造型独特，是极具魅力的一种园林建筑，历来被广泛地使用在多种园林绿地当中，起到其他园林建筑无法替代的作用，是中国园林建筑艺术中有独特风格和气韵的小品，它们既有一定的实用价值，又作为点缀，丰富了中国建筑宝库的内容。

一、亭的概述

1. 亭的含义

亭，一种有顶无墙的小型建筑物，是供游人休息和观景的场所。

中国很早就出现了亭，但随着时间的推移、社会的发展，亭的功能、形式都发生了很大变化。汉以前，亭是一种建于高台之上，用于观察、眺望、从军事需要演化而来的望楼，兼有驿站、旅社和邮递的作用。隋唐之后，在园苑中建亭为景已经十分常见，唐代宫苑中就有大量此类建筑。此时期亭的观赏价值逐渐超过实用价值，亭成为园林中不可缺少的建筑物。宋元之后，建筑技艺趋于成熟，亭的建筑造型更精细考究，常用十字脊、琉璃瓦覆顶，显得金碧辉煌。明清时期，亭大为发展，形式上集中了中国古典建筑最富民族特色的屋顶，技术和艺术已达到十分纯熟和臻于完善的地步，进入中国古典亭建筑发展的鼎盛时期。

亭体量小巧、结构简单、造型别致，选址极为灵活，几乎处处可用，所谓"亭有式，基立无凭"（《园冶》），所以它是园林建筑中运用最为广泛的类型之一，是园林建筑中最基本的建筑单元，是供游人游览、休息、赏景的建筑，并且还可成为园中一景供游人欣赏，一般用柱来支撑，四面开敞，内外交融，较为通透（图3-12、图3-13）。

图3-12　四角亭

图3-13　与谁同坐轩

"沧浪亭"始为五代时中吴军节度使孙承祐的别墅。宋代著名诗人苏舜钦，在汴京遭贬谪，翌年流寓吴中，以四万贯钱买下废园，进行修筑，傍水造亭，因感于"沧浪之水清兮，可以濯吾缨；沧浪之水浊兮，可以濯吾足"，题名"沧浪亭"，自号沧浪翁，并作《沧浪亭记》。欧阳修应邀作《沧浪亭》长诗，诗中以"清风明月本无价，可惜只卖四万钱"题咏此事。自此，"沧浪亭"名声大振。

2. 亭的功能

亭能够满足游人在游赏过程中短暂的驻足休息、纳凉避雨、眺望景色等需要，在功能上没有其他严格的要求。

亭有顶无墙，四面开敞，轻巧、空透的柱身，座椅的设置，可实现防日晒、防雨淋、消暑纳凉、休息聊天、观赏景色等多种功能。亭姿态万千的造型，灵活的选址，与园林中山、水、植物相结合，呈现优美的景观，实现点景的功能（图3-14）。

图3-14 亭与山水花木的结合画面

二、亭的类型和特点

亭的建筑造型丰富生动，灵活多样，尽管它只是中国建筑体系中较小的一种建筑类型，但它却是"殚土木之功，穷造型之巧"，不但在平面形式上追求变化，而且在屋顶做法和整体造型上，在亭与亭的组合关系上进行创造，产生了许多绚丽多姿、自由俊秀的形体。

亭的立面主要由亭顶、柱身和台基三部分组成，柱身空灵，平面形式多样，屋顶一般为木构，造型与曲线变化丰富，台基随环境而异。影响其造型的决定性因素，主要还是取决于亭的平面形式、平面组合及屋顶形式，以及它们之间的组合变化等。

二维码微课堂

1. 从平面形式分

亭的平面形态是中国古典建筑平面形式最丰富的，平面几何形态包括三角形、正方形、五角形、六角形、八角形、圆形，甚至梅花形、海棠形、扇形等。在一些空间范围较大的园林环境中，还经常运用两种以上的几何形态组合来增加亭的规模和体量（图3-15）。

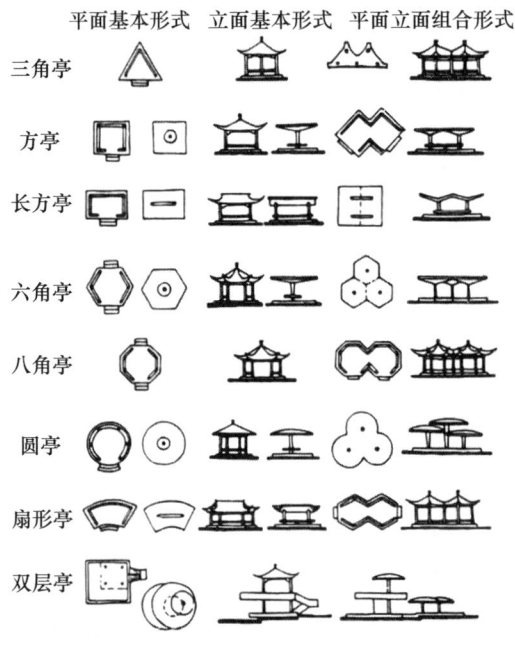

图 3-15 几何形亭平面立面形式示意图

2. 从屋顶形式分

亭历经了漫长的发展历史，其造型多种多样。亭具有丰富多样的屋顶形式，有攒尖顶、悬山顶、卷棚顶、歇山顶、盔顶、盝顶等，以攒尖顶在园林中最为常见。攒尖顶有圆攒尖、三角攒尖、四角攒尖、八角攒尖等。亭顶又有单檐、重檐、三重檐之分，单檐亭显轻盈，重檐亭显庄重。亭的屋顶形式几乎涵盖了中国古典建筑屋顶的全部形式，除此之外，还创造出了一些罕见的特殊屋顶形式（图 3-16、图 3-17）。

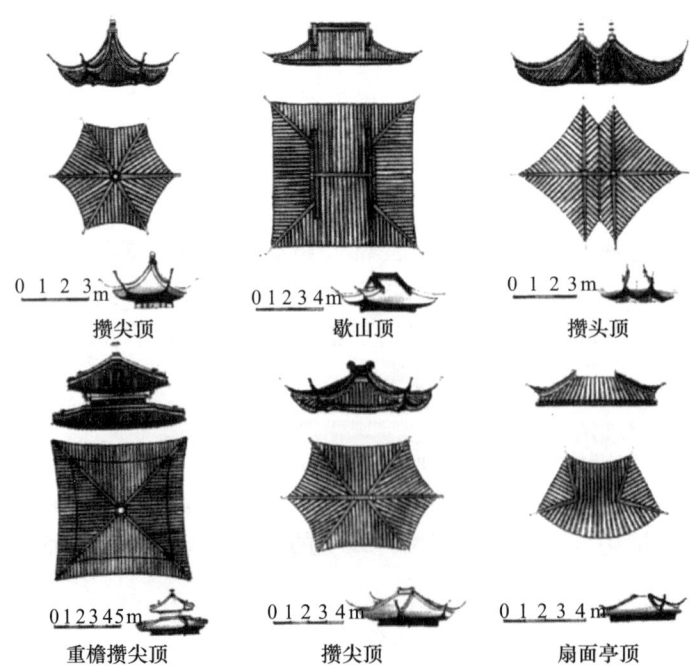

/ 项目三　园林单体建筑设计 /

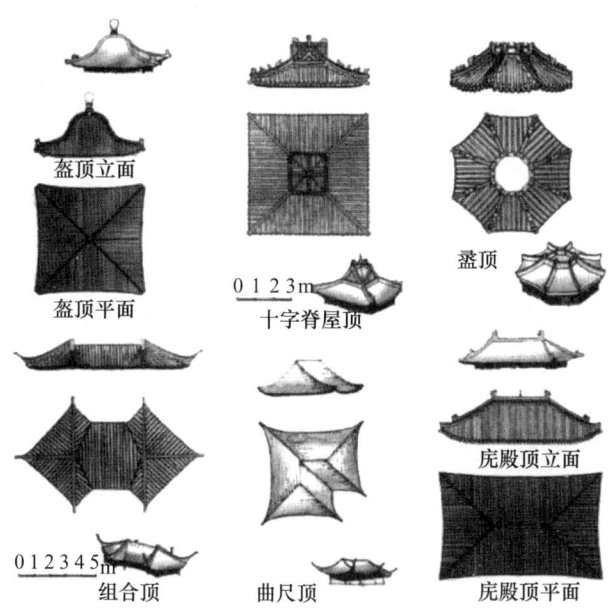

图 3-16　亭的屋顶形式

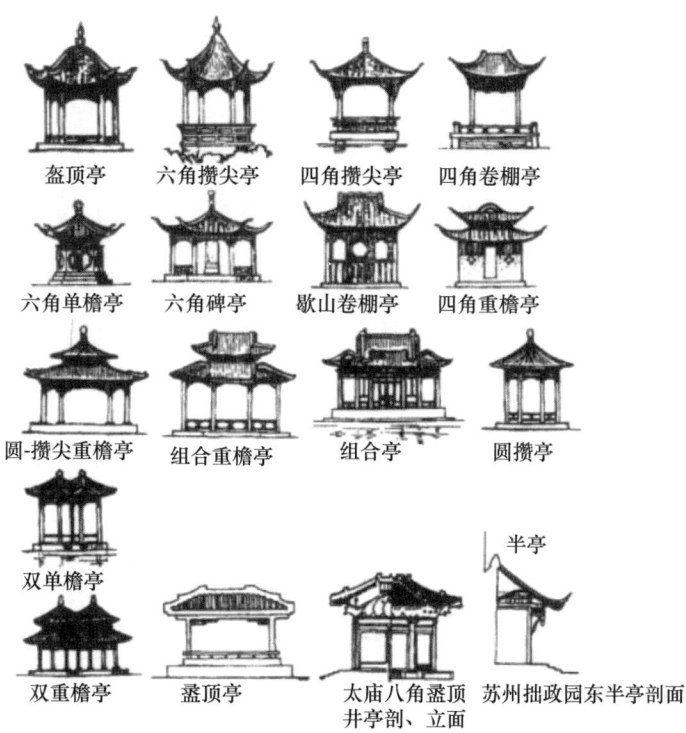

图 3-17　亭的屋顶形式（立面）

3. 从构造形式分

亭一般由亭顶、柱身、台基三部分组成。

亭顶是最上面的部分，主要用来遮阳避雨，所以一般为实顶，有的现代亭为了美观也做成镂空的。从形式上分，亭顶分平顶和坡顶两种，以坡顶为主。平顶亭结构简单，最常见的就是钢结构亭，以玻璃为顶盖，整个亭子简洁轻盈，玲珑剔透，富有现代感。坡顶亭结构复杂，多为梁架结构，可用木材、钢筋混凝土、金属等材料制成，其顶盖则可用茅草、木板、瓦片、铁皮等材料。

二维码动画

柱身、亭柱是用来支撑亭顶的，柱的多少主要取决于亭子的平面形式。柱的形式有方柱、圆柱、多角柱、梅花柱等，柱的材料必须能够承受一定的负荷，木材、竹、石头、砖、钢筋混凝土、钢等均可。柱的色泽各有不同，可在其表面绘成或雕成各种花纹以增加美感。

台基，包括台面和基础，位于亭的最下部，供人们休息之用，平地建亭通常将台面抬高，以凸显亭子的气势。台面的材料有木材、水泥、石材和砖等，并注意纹理图案的选择。

从材料和构造形式分，亭可以分为木亭、竹亭、砖亭、钢筋混凝土亭、钢结构亭和混合结构亭等。现代建筑常采用钢筋混凝土、钢、玻璃、张拉膜及新型复合材料等新材料和新工艺，为园林建筑的创作提供了更多便利的选择。现代亭样式丰富，造型更多变灵活（图 3-18、图 3-19）。

图 3-18　钢结构亭

图 3-19　木亭

4. 从建筑风格分

园林中常见的亭根据建筑风格可以分为中式亭、西式亭以及现代亭三种。

中式亭包含传统中式亭和现代中式亭。传统中式亭指的是具有中国传统特色的园亭，其建筑方式一般遵循一套相对固定的模式，中式亭的亭顶、平面形状、立面形状及组合方式如前所述。传统的中式亭一般是木结构瓦作顶，现代仿古建筑的亭是采用钢筋混凝土建造的，但是造型基本一致。中式亭形制统一但风格多变，有南北之分。屋顶的檐角一般反翘。北方起翘比较轻微，显得平缓持重，南方戗角兜转耸起，如半月形翘得很高，显得轻巧飘逸。翼角的做法，北方的官式建筑，从宋到清都是不高翘的。一般是子角梁伏贴在老角梁背上，前段稍稍昂起，翼角的出椽也是斜向角梁出，并逐渐向角梁抬高，以构成平面上及立面上的曲线，它和屋面的曲线一起形成了中国建筑所特有的造型美。江南的屋角反翘样式，通常分成嫩戗发戗和水戗发戗。前者的构造比较复杂，老戗的下端伸出于檐柱之外，在它的尽头上向外斜向镶合嫩戗，用菱角木、箴木、扁檐木等把嫩戗和老戗固定，这样就使屋檐两端升起较大，形成展翅欲飞的态势。后者没有嫩戗，木构件本身不起翘，仅戗脊端部利用铁件和泥灰形成翘角，屋檐也基本上是平直的，因此构造上比较简单。

新中式亭以古典与现代元素相互结合为主要特征，并配以简洁的古朴纹饰，既有我国传统中式亭的基本特征，但结构上化繁为简，既能够方便后期安装维护，又贴近现代人的审美眼光。新中式亭的风格其实是传统中式亭的简化，它的设计技巧是提取中式元素，用在几何体上，通过亭身线条表现出来。顶部去掉了屋面，换成了平板顶部结构，然后仅在立面上做格栅装饰（月亮门元素）、中式镂空雕花格栅装饰进行点缀，中式韵味点到为止。

西式亭指具有西方传统建筑风格特色的亭，亭顶常见穹窿顶、多面坡顶，柱子部分基本都是西方古典的柱子样式或者是变形后的样式，平面形式一般为较为规则的圆形或正多边形，在色彩的运用上也会选择白、蓝、砖红等较为醒目的色彩。

现代亭因为材料、工艺等的多样化，因而是最能体现设计者想象力、颇具活力和个性的一种建筑形式，种类繁多，造型多变，像木构架亭、钢结构亭、竹木亭、草亭、仿生亭、张拉膜亭等，变化万千，极具现代色彩（图3-20～图3-22）。

图 3-20　欧式圆亭

图 3-21　传统中式亭

图 3-22　现代亭

研讨：实例分析，各种景观亭的类型和特点。

三、亭的设计要点

亭是一种功能简明、体量小巧、造型别致、具有意境、富有特色，并讲究选址的精巧建筑物。它需要一定的建筑技术和造园艺术，是形成完善的建筑空间和造园艺术的不可忽略的组成要素。亭在设计时要根据周围环境、整个园林布局及设计者的意图等来进行设计。具体设计要考虑以下几个方面。

1. 亭的选址

明代计成的《园冶》对亭的位置有如下描述："亭胡拘水际，通泉竹里，按景山巅，或翠筠茂密之阿，苍松蟠郁之麓；或借濠濮之上，入想观鱼；倘支沧浪之中，非歌濯足。亭安有式，基立无凭。"可见亭的选址非常自由灵活，花间、水畔、山巅、溪涧、苍松翠竹间均可置亭，且各具情趣。一般来说，主要有山地建亭、临水建亭和平地建亭。

二维码微课堂

（1）山地建亭

山地建亭，适于登高远望，视野开阔，并能突破山形的天际线，丰富山形轮廓，同时也为游人提供了一个休息和赏景的环境。山上建亭还能控制全园景区，丰富园林的空间构图。山地设亭时对不同高度的山体，建亭的位置应有所不同。

① 山顶建亭

山顶建亭，视野开阔，适合于登高远望，居高临下，俯瞰全园，可作风景透视线焦点，控制全园，更能丰富山形轮廓，又可为游人提供休息之处。我国著名的风景游览胜地，常在山顶最佳的观景点设亭。山顶建亭往往具有眺望范围大、方向多的优点。如景山万春亭立于景山之巅，亭重檐三层，成为山体的焦点。江南私家园林中常在假山顶上建亭，休憩的同时也可眺望全景。如留园可亭，怡园中部假山上的螺髻亭，拙政园宜两亭、雪香云蔚亭、绣绮亭等。园林中人为所建的假山也可建亭，以增加山的高度与体量，丰富山体轮廓，避免构图的呆板和单调（图3-23）。

图 3-23　山顶建亭

② 山腰建亭

为丰富山体景观内容，山腰上也常设亭，提供了歇息、观景的场所。山腰建亭宜选在开阔台地，利于眺望及视线引导，为途中驻足休息之地。或选地形突变、悬崖洞穴、巨石凸起处。峨眉山清音阁下的牛心亭，就位于建筑群的登山途中，小亭坐落在双飞桥中间的岩石上，正对牛心石，不仅为人们提供了观看"黑白二水洗牛心"的绝佳地点，还有效地提示了游览线路，丰富了游览感受。山腰设亭，亭应有足够的体量，或成组设置，以取得与山形体量协调的效果（图3-24、图3-25）。

图3-24　绣绮亭（拙政园）

图3-25　山腰处的现代亭

③ 山麓建亭

园林中，山脚下建亭的案例也颇多，常置于山坡道旁，既方便游人下山后作短暂的停留和休息，又可作路线引导（图3-26）。

图3-26　山脚下的亭

(2) 临水建亭

① 水边建亭

在我国园林中，水是重要的构成要素，水面或开阔，或舒展，或明朗，或流动，有的幽深宁静，有的碧波万顷，情趣各异。因此，园林中常结合水面设亭。要求尽量贴近水面，伸入水面，最好是三面临水或四面临水。临水亭的造型宜低不宜高，其体量大小要根据所处水面的大小而定。与水相关的亭子在设置上有多种模式。紧邻水边建亭，亭常突于水中，三面或四面为水所环绕；网师园月到风来亭位于主景区水池西侧中部，亭从连廊中部突入水中，后有粉墙相衬成为西侧主景。伸入水体建亭者，常在水中架设平台，并以曲桥等与岸联系；四川新都桂湖交加亭建在水中平台之上，有桥与岸相连，成为桂湖北岸的重要景点，也有不设平台而立于水中巨石上者，重庆江津白沙古镇聚奎书院鉴止、夜雨、向梅三亭就立于水中黑石之上，别有一番情趣。水体中央建亭者，称为湖心亭，如西园湖心亭，设在池中，有曲桥连接。还有亭建于水中小岛之上；四川眉山三苏祠绿洲亭位于西面水体中狭长小岛的端部，成为景观的焦点，苏州拙政园荷风四面亭也是位于水中小岛之上。在岛上、湖心台基上、岸边临水设亭，体量宜小。常用曲桥、小堤、汀步等与岸相连，使亭四周临水（图3-27）。

图 3-27　临水建亭

② 桥上建亭

在桥上设亭，能够划分水面空间，点缀湖面景色，打破狭长水面的单调感。增加水面空间层次，丰富湖岸景色，使水面锦上添花，又可保护桥体结构，还能起交通作用，但要注意与周围环境协调，建在小水面上的桥亭宜低临水面（图3-28）。

图 3-28　扬州瘦西湖五亭桥

③ 平地建亭

在平地上建亭由于视点较低，应当选择视线开阔、有景可赏的地方，以方便游人驻足休息。平地建亭常设在路旁或园路交会处，可防日晒、避雨淋、驻足休息。

筑台建亭是皇家园林常用的手法，增加亭子的雄伟之势。千秋亭位于北京御花园内，白玉石台阶和栏板，重檐攒尖顶，黄琉璃竹节瓦。亭色彩绚丽，造型精美。西安兴庆宫公园的沉香亭也是筑台建亭的代表。

筑山石建亭，可以抬高基址标高和视线，并以山石陪衬环境，增加自然气氛，减少平地的单调。利用建筑的山墙和围墙的角落建亭，可以打破实体墙面的死板，使小空间活跃，是游人幽静的纳凉之处（图3-29、图3-30）。

图3-29　扬州何园筑山石建亭

图3-30　角隅建亭

2. 亭的体量与比例

古典亭的亭顶、柱高、开间三者在比例上有密切关系，其比例是否恰当，对亭的造型影响很大。一般情况下，亭子屋顶高度是由屋顶构架中每一步的举高来确定的。每一座亭子的每一步举高不同，即使柱高完全相同，屋顶高度也会发生变化。

由于亭的平面形状的不同，开间与柱高之间有着不同的比例关系：

四角亭＝1∶0.8，六角亭＝1∶1.5，八角亭＝1∶1.6。

其他部分常采用的尺度为：方亭面宽2.7~3.6m，六角亭开间1.8~2.4m，八角亭总面宽3.6~4.5m。柱高约2.4~3m，坐凳高350~450mm，台阶踏面宽280~400mm，踢面高120~180mm。

亭的屋顶高度和柱高之间也有一定的关系，我国北方亭的屋顶高度小于柱高，而南方亭则是屋顶高度大于柱高。

研讨：设计时如何确定亭的体量和比例？

3. 亭的装饰

亭在装饰上繁简皆宜，可以精雕细琢，构成花团锦簇之亭，也可以不施任何装饰构成简洁质朴之亭。如北京颐和园的亭，为显示皇家的富贵，大多进行了奢华的装饰。斗拱彩画，色彩艳丽，精致的细部雕琢装饰，可谓富丽堂皇之亭；而杜甫草堂的茅草亭，则质朴大方，素雅简洁。所以亭在装饰风格上，可谓"淡妆浓抹总相宜"。

梁枋下设置精巧的挂落，具有玲珑活泼的效果，更能使亭的造型丰富多彩。亭柱之间设置栏杆座椅，可设计为舒适美观的美人靠，丰富了亭的立面效果，增强了亭的艺术性。

此外，还可以从屋顶、漏窗、牌匾对联来进行装饰。

亭的色彩要根据环境、风俗、地方特色、气候、爱好等来确定：由于沿袭历史传统，南方与北方不同，南方多以深褐色等素雅的色彩为主。北方则受皇家园林的影响，多以红色、绿色、黄色等艳丽色彩为主，以显示富丽堂皇。在建筑物不多的园林中应以淡雅的色调为主。

每个亭都有其不同的特点，不能千篇一律。在设计时要根据周围的环境、整个园林布局，以及设计者的意图来进行设计。

4. 材料选择

中国传统的亭都为木材建造，而西方国家的亭都为石材建造。现代建亭的材料非常的丰富，如竹、砖、钢筋混凝土、玻璃、帆布、金属等。每种材料的特点不同，所建亭子给人的感觉也不同，应当根据具体的环境要求进行合理的选择，并尽量就地取材，体现地方特色。

中国四大名亭

爱晚亭的那段峥嵘岁月

唐朝诗人苏味道盛赞道："氤氲起洞壑，遥裔匝平畴。乍似含龙剑，还疑映蜃楼。拂林随雨密，度径带烟浮。方谢公超步，终从彦辅游。"爱晚亭重檐八柱，琉璃碧瓦，攒尖宝顶，四翼角边高高翘起，亭上悬有"爱晚亭"金字红匾。亭内设一横匾，上刻毛泽东手书《沁园春·长沙》，字体刚劲飘逸，与古亭相映生辉。

爱晚亭是革命活动胜地，毛泽东青年时与志同道合的青年们聚会爱晚亭下，纵谈时局，探求真理。《沁园春·长沙》这首词通过对长沙秋景的描绘和对青年时代革命生活的回忆，抒发了以天下为己任的豪情壮志及爱国情怀。

不能一醉，此来辜负山林

传说欧阳修被贬滁州，特别喜爱琅琊山的灵秀。公务之余常到山上游玩，与百姓同游同乐。有一天，他同琅琊寺主持智仙和尚对弈，突然间被大雨淋了个湿透。围观人中一樵夫建议在此建一个亭阁。智仙和尚敬重仰慕欧阳修的学术文章和道德人品，于山中建亭为他的游山助兴。这一天，欧阳修在此应酬，自称"醉翁"，并吩咐随从拿来"四宝"，"醉翁亭"匾一挥而就，并由此创作出了千古传诵的《醉翁亭记》。

与君一醉一陶然

清康熙三十四年（1695年），工部郎中江藻奉命监理北京黑窑厂，他在慈悲庵西部构筑了一座小亭，并以白居易诗"更待菊黄家酿熟，共君一醉一陶然"句中的"陶然"两个字为亭命名。陶然亭虽然称为亭，但却不是亭，是一座与房舍形似的敞轩。此后，江藻常邀请文人墨客、同僚好友到陶然亭中饮宴、赋诗，因此留下很多诗文，龚自珍、秋瑾等都曾在陶然亭留下过诗文。

世外桃源　风月无边

湖心亭，位于浙江省杭州市西湖中心，号称"中国四大名亭"之一。湖心亭与三潭印月、阮公墩合称湖中三岛。置身湖心亭，举目眺望，湖光山色尽收眼底。湖心亭，亭阁三层，飞檐翘角，结构精巧，显示了古代匠人超凡脱俗的技艺。古代文人雅士描述湖心亭的诗文也不胜枚举。"湖心平眺"被列为清西湖十八景之一，环岛皆水，环水皆山，置身湖心亭，确有身处"世外桃源"之感。

任务三　廊的设计

明代计成《园冶》中对廊的布局描述是："宜曲宜长则胜……随形而弯，依势而曲。或蟠山腰，或穷水际，通花渡壑，蜿蜒无尽……"

廊的历史悠久，出现得较早。中国历史上最早出现的廊可以追溯到奴隶社会。早期的廊出现在宫殿建筑的庭院布局中，作为一种联系交通和遮风避雨的建筑形式，随着园林建筑形式的发展，廊作为园林风景建筑在游览观景方面的作用开始显现，并成为一个重要的园林建筑。那么，如何来定义廊呢？

廊，又称游廊，是起交通联系、连接景点的一种狭长的棚式建筑，它可长可短，可直可曲，随形而弯。现代造园中，廊的概念还扩展为花架、绿廊、棚架等。廊，是上有屋顶、下有立柱、供人漫步行走的立体的路。园林中的廊是亭的延伸，是联系风景点建筑的纽带，随山就势，曲折迂回。廊能引导交通路线，又可以划分园林空间，丰富空间层次，增加园内景深，具有遮阳、防雨、小憩等功能，是中国园林建筑群体中的重要组成部分。

一、廊的功能

1. 联系建筑

廊是联系建筑的纽带。通过廊的联络，把各个分散的单体建筑联系成有机的整体，使主次分明，错落有致。廊可配合园路，构成全园交通游览的通道。循廊而望，尽赏全园景色。颐和园中谐趣园中的个体建筑物，通过廊、墙等建筑把幢幢单体建筑物组织起来，形成空间层次上丰富多变的建筑群体。

2. 划分和组织园林空间

廊，布置于两个建筑物或两个观赏点之间，成为空间联系和空间划分的一种重要手段，对园林中风景的展开和观景的层次起着重要的组织作用。廊划分了景区的空间，使空间相互渗透，隔而不断。丰富了空间层次，增加了景深。

3. 过渡空间

廊不仅作为交通联系的通道，也是一种室内外联系的过渡空间。因为廊内给人一种半明半暗、半室内半室外的效果，所以心理上给人一种空间过渡的感觉。

4. 构成园景

廊是极具通透感的建筑，其空灵活泼的造型为园景增加了层次，丰富景观内容。中国北方传统的廊顶面常用筒瓦，廊内装饰彩绘，以显示富丽堂皇。南方传统的廊常采用小青瓦，内部不设天花而暴露结构。传统廊是指屋檐下的过道、房屋内的通道或独立有顶的通道，是建筑的组成部分，也是构成建筑外观特点和划分空间格局的重要手段（图3-31、图3-32）。

图3-31 南方传统廊

图3-32 北方传统廊

二、廊的基本类型

廊的类型非常丰富，传统形式廊按横剖面划分可分为双面空廊、单面空廊、复廊、双层廊、暖廊、单支柱式廊。

1. 双面空廊

只有屋顶用柱支撑，四面无墙、无窗、通透；在廊的柱间常设坐凳，栏杆供游人休息。此为双面空廊，既是通道又是游览路线，又可分隔空间，是最基本、运用最多的廊。当人们顺着廊行进时，必有景可观（图3-33、图3-34）。

二维码微课堂

图3-33 双面空廊

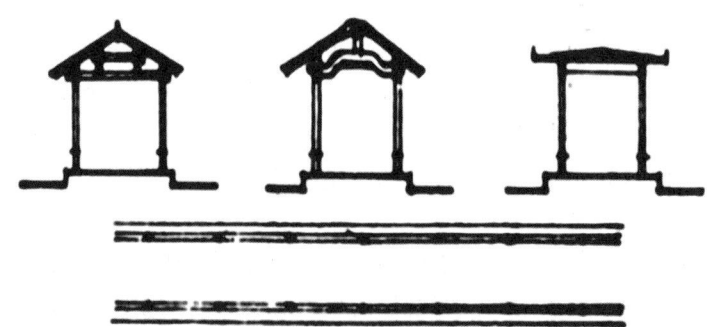

图3-34 双面空廊平立面图

2. 单面空廊

在双面空廊一侧列柱间砌有实墙或半空半实墙的，就成为单面空廊。单面空廊一边面向主要景色，另一边沿墙或附属于其他建筑物。单面空廊的特点是：相邻空间有时需要完全隔离的，实墙处理；有的适宜添加次要景色，则须设置空窗、漏窗、格扇、空花格、各式门洞等，隔中有透，似隔非隔，半封闭的效果。屋顶常设为单坡形式，利于排水（图3-35、图3-36）。

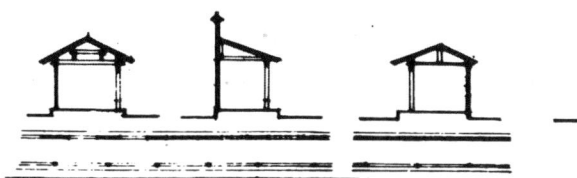

图3-35　单面空廊　　　　　　　　图3-36　单面空廊平立面图

3. 复廊

复廊，又称内外廊。是在双面空廊中间隔一道装饰有各种各样漏窗的墙，或者说两个单面空廊连在一起形成。廊两边景色互借。这种廊适用于需要将不同景物进行分开游览的园林。

复廊要求廊两边有景可观，延长游览线长度，达到小中见大的目的。苏州沧浪亭东北面的复廊，将园外之水与园内之山互借，得景随机，处理甚妙（图3-37）。

4. 双层廊

双层廊又称楼廊，有上、下两层，便于联系不同高程上的建筑和景物，增加廊的气势和观景层次。

何园把廊道建筑的功能和魅力发挥到极致，用双层廊划分了前宅和后园空间，回绕于各厅堂、住宅之间，形成交通纽带。双层廊中间夹墙上点缀着什锦空窗，颇具特点。通过楼廊的上下立体交通可多层次地欣赏园林景色（图3-38）。

图3-37　复廊平立面图　　　　　　　图3-38　双层廊立面图

5. 暖廊

有可装卸玻璃门窗的廊，既能防风避雨又能保温隔热。

6. 单支柱廊

指在中间或侧面列有一排列柱的廊。由于采用钢筋混凝土结构，加上新材料、新技术的运用，单支柱式廊也运用得越来越多。其屋顶两端略向上反翘或作折板或作独立几何状连成一体，落水管设在柱子中间，其造型各具形态，体型轻巧、通透，在现代园林绿地中备受欢迎（图3-39）。

图3-39　单支柱廊

除此之外，按整体造型，可分为直廊、曲廊、回廊等；按其与地形环境的关系，可分为平地廊、抄手廊、爬山廊、跌落廊、水廊、桥廊等（图3-40）。

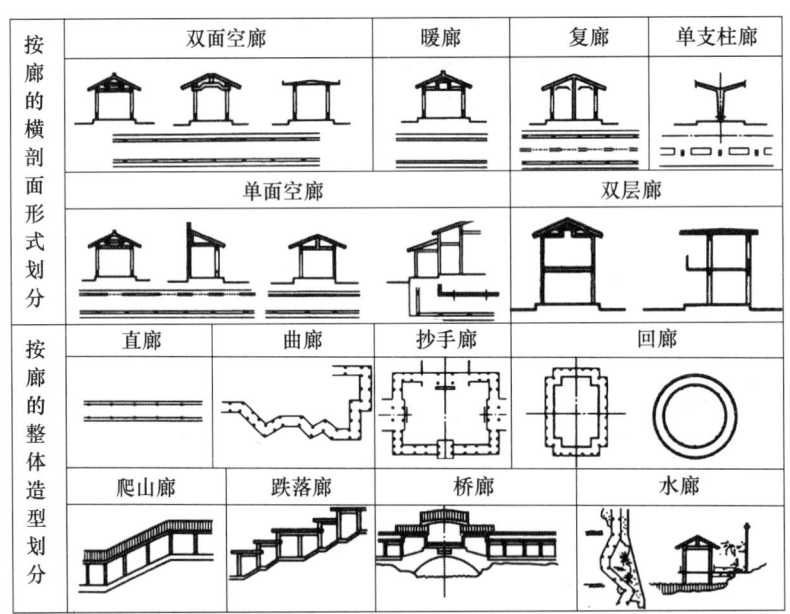

图3-40　廊的基本类型（刘福智，风景园林建筑设计指导）

三、廊的选址

廊的选址非常灵活，可以平地建廊，可以临水建廊，可以山地建廊。由于地形与环境不同，廊的功能和要求也各不相同。

1. 平地建廊

(1) 可以沿园的外墙布置环路式游廊

苏州留园沿园的外墙布置环路式游廊，起到了交通联系的功能，设计者沿廊的延伸布置景观。

(2) 沿界墙或建筑物以占边形式布置

颐和园长廊在万寿山南麓和昆明湖北岸之间。始建于清代乾隆十五年（1750 年），1860 年被英法联军焚毁，后又重新建造。长廊东起邀月门，西至石丈亭，中间穿过排云门，象征春夏秋冬四季。全长 728 米，长廊如彩带一般，把前山各风景点紧紧连接起来，又以排云殿为中心，自然而然地把风景点分为东西两部分。

2. 临水建廊

(1) 水廊

形成以水景为主的空间，有位于岸边和完全架设于水上的两种形式。供欣赏水景和联系水上建筑之用，形成以水景为主的观赏空间。位于岸边的水廊，廊基一般紧接水面，廊的平面也大体贴近岸边。在水岸曲折自然的情况下，廊大多沿着水边呈自由式展开，廊基一般也不砌成整齐的驳岸，顺自然地势与园林环境融为一体。

架在水面上的水廊，多以露出水面的石台或石墩为基础，廊基一般不高，使廊的底板尽可能地贴近水面，并使水经过廊下而互相贯通。游人漫步水廊左右环顾，仿佛置身水面之上，别有一番情趣。

苏州拙政园水廊临水而建，连接两侧的建筑物，高低曲折，廊地面时高时低，似水波起伏，称为波形廊，与水面波浪呼应，有一种轻盈跳跃的动感，是水廊中的典型佳作。廊基宜低不宜高。漫步水廊之上，宛若置身水面之上，别有情趣（图 3-41）。

(2) 桥廊

桥廊的选址和造型一般都比较讲究，力求能形成美丽的建筑立面与水中倒影景观，起到划分园景空间层次、组织观赏游线的作用。苏州拙政园小飞虹桥廊，可跨越水面分隔空间，增加了水面的景色层次（图 3-42）。

图 3-41　苏州拙政园水廊

图 3-42　扬州何园桥廊

3. 山地建廊

山地建廊供游人登山观景和联系山坡上下不同高程的建筑物之用，景观上也可丰富山地建筑的空间构图。

(1) 爬山廊：坡度较大时，爬山廊依山势蜿蜒曲折而上，梁柱间不能保持直角正交，屋顶呈斜坡式，加强了空间向上感。恭王府爬山廊布局讲究，气派非凡。

(2) 跌落廊：坡度不是很大时，屋顶分段建成高低廊的形式，每间屋顶以直角相接，称为跌落廊。江苏无锡垂虹廊，形体顺山坡层层下叠，形成跌落廊，开朗活泼，富有节奏感。

研讨：实例分析，公园中廊架的形式和选址。

四、廊的尺度与构造

廊是以相同单元"间"所组成的，有规律地重复形成了一定的韵律美。

廊柱距 3m 左右，横向净宽为 1.2～1.5m。由于人流量的增大，现代廊宽度可设计为 2.5～3m。檐口高度一般为 2.4～2.8m。廊顶一般设置为平顶、坡顶、卷棚顶均可。廊柱高 2.5～2.8m；柱直径 150mm。方柱截面面积 150mm×150mm～250mm×250mm，长方形截面积长边不大于 300mm。如设栏杆，高 1m 或 0.5～0.8m 矮墙。

五、廊的设计要点

(1) 根据廊的位置和造景需要，廊的平面可设计成直廊、弧形廊、曲廊、回廊及圆形廊等。从总体上说，廊的平面布局自由开朗、活泼多变的外形，易于表达园林建筑的气氛和性格，使人感到新颖、舒畅。廊的曲折，可使游览距离延长，对景妙生，但要曲之有礼，曲而有度。

二维码微课堂

(2) 廊的立面形式有悬山顶、歇山顶、平顶廊、折板顶、十字顶、伞状顶等。为开阔视野，立面多采用开敞式造型，以轻巧玲珑为主；细部处理上，可设挂落，下设栏杆、矮墙或美人靠；吊顶装饰也以简洁为宜；廊柱采用圆柱或圆角海棠柱，线条柔和，浑厚流畅。

(3) 运用廊分隔空间，或障或露。要因地制宜，创造景观效果。在平面形式上，可采用曲折迂回的办法，如用曲廊划分空间，增加平面空间层次，改变单调感觉。

(4) 廊的出入口一般布置在廊的两端或中部某处，出入口是人流集散的主要地方，应将其平面或空间适当扩大，以尽快疏散人流。在立面及空间处理上重点装饰，强调虚实对比，以突出其美观效果。

(5) 廊的内部空间设计是廊在造型和景观处理上的主要内容，廊要有良好的对景，道路要曲折迂回，内部空间可产出层次感；廊内适当位置设置隔断，增加空间层次变化；悬挂书法、字画作装饰；可将廊内地面高度升高，设置台阶，来丰富廊内空间变化（图 3-43、图 3-44）。

(6) 廊的装饰应与其功能、结构密切结合。在休息椅凳下常设置花格，与上面的花格相呼应，构成框景。廊梁、顶上的苏式彩画，丰富了游廊的内容。

在色彩上，南北方大不相同，南方的廊多以灰蓝色、深褐色等素雅的色彩为主，给人以清爽、轻盈的感觉；北方多以红色、绿色、黄色等艳丽色彩为主，以显示富丽堂皇。

在现代园林当中，较多采用现代混凝土、金属材料，色彩明快、亮丽（图 3-45～图 3-50）。

图 3-43 廊的内部空间

图 3-44 廊内空间

图 3-45 现代廊（一）

图 3-46 现代廊（二）

图 3-47 弧形廊

图 3-48 现代花架

图 3-49　现代亭廊组合　　　　　　　　图 3-50　传统亭廊组合

研讨：廊的尺度与构造要求有哪些？

任务四　水榭的设计

在园林建筑中，榭、舫多属于临水建筑，作游憩、赏景、饮宴小聚用，对丰富园林景观和游览内容起着突出的作用。秦汉时期的文献中多有"高台榭、美宫室""层台累榭"的记载。汉以后，随着高台建筑的消失，建于高台的榭就移到了花间水际，成为园林中供人休息的游观建筑了（图 3-51、图 3-52）。

图 3-51　扬州瘦西湖林香榭　　　　　　图 3-52　扬州瘦西湖水榭

一、水榭的含义

计成《园冶》中记载："榭者，藉也。藉景而成者也，或水边，或花畔，制亦随态。"《营造法式》中也曾记载："水榭，作为傍水之建筑物，或凌空作架，或傍池筑台。平面为长方形，一间、三间最宜。柱间或装短栏，或置短窗，榭高宜一层……""卷棚式，或薄施油漆，或幔糊白纸，甚觉雅洁……"榭，一种借助于周围景色而见长的园林休憩建筑，即建在高土台或水面（或临水）上的木屋。水榭，又称水阁，临水而建，近水有平台挑出水面。临水的一面，常设坐凳栏杆和弓形靠背，称为美人靠或飞来椅，供人凭栏而坐（图 3-53、图 3-54）。

图 3-53　南京栖霞山水榭

图 3-54　稻花榭

二、水榭的功能

水榭为临水建筑，是供游客休息、观赏风景的中国传统式建筑。其造型优美，其临水一侧特别开敞，显得空透、畅达，屋顶常用卷棚歇山式样，檐角低平轻巧，檐下玲珑的挂落，柱间微微弯曲的鹅颈靠椅，风格雅致，可以点缀园林风景，可以赏水景、赏鱼、赏荷花等，供文人雅士娱乐之用。

现代园林水榭功能上比较简单，仅供游人游憩，体型也比较简洁；有的在功能上比较多样，如作为休息室、茶室、接待室、游船码头等；设计师把水榭的平台扩大成为供节日演出用的舞台，在平面布局上更加多变，丰富了水榭的功能，活跃了园林氛围。

三、水榭的基本形式

1. 屋顶

屋顶一般为造型优美的卷棚歇山式，檐角低平轻巧，檐下挂落玲珑。

2. 木构架

水榭一般都做成歇山形式，其构架是歇山建筑中最简单的卷棚式木构架。其中各构件的作用和尺寸，与歇山建筑所述基本相同。

3. 平台形式

水榭的基座平台有多种形式：

（1）以实心土台作为挑台的基座。

（2）以柱梁结构作为挑台的基座，平台的一半挑出水面，另一半落在湖岸上。

（3）在实心土台的基座上，伸出挑梁作为平台的支撑。

（4）整个建筑及平台均坐落在水中的柱梁结构基础上。

（5）以柱梁结构作为挑台的基座，在岸边以实心土台作榭的基座。

4. 其他装饰构件

水榭平台四周以低平的栏杆围绕，然后在平台上建起一个木构的单体建筑物，建筑的平面形式通常为长方形，建筑物的四面都立着落地门窗，显得空透、畅达，檐角低平轻巧，檐下挂落玲珑、柱间微微弯曲的鹅颈靠椅和门窗、栏杆等都是一整套协调的木作做法，显示出匠师的智慧及其对自然的感情（图3-55）。

图3-55　水榭

四、水榭的设计要点

1. 位置的选择

水榭是观景建筑，因主要靠借取周围的景色，因此，在位置的选择上，应特别注重对景、借景的景观营造。水榭宜选在水面有景可借之处，尤其是湖岸线突出的位置为最佳。

二维码微课堂

2. 建筑的造型

水榭多从驳岸突出，以立柱架于水上，建筑多为单层，平面或方形或长方形，结构轻巧，四面开敞，以得取宽广的视野。平台跨水部分以梁、柱凌空架设于水面之上。平台临水围绕低平的栏杆，或设鹅颈靠椅供游憩。平台靠岸部分建有长方形的单体建筑，也有单体建筑整个覆盖于平台之上。建筑的临水一侧是主要观景方向，常用落地门窗，开敞通透。既可在室内观景，也可到平台上游憩眺望。屋顶一般为造型优美的卷棚歇山式。建筑立面多为水平线条，以与水平面景色相协调。

3. 榭与园林整体环境

造园即造景，水榭在造型艺术方面的要求，不仅应使其本身比例良好、造型美观，而且还应使建筑物在体量、风格、装修等方面都能与它所在的园林空间的整体环境相协调和统一。作为一种临水建筑物，水榭应与水面和池岸很好地结合，使它们之间配合得自然、贴切。

在设计方面应注意以下要点：

（1）水榭宜突出于池岸，营造多面临水的环境空间

水榭在与池岸结合时，应营造多面临水的形势，观景视野开阔，使游人有身临水境的切身感受。例如，北京颐和园的"鱼藻轩"，建筑突入昆明湖中，三面临水，后部以矮廊与长廊相衔接，在水榭之中，不仅可观赏正面坦荡的湖面，而且向西透过烟波浩渺的朦胧水景，可观赏到玉泉山及西山群峰的借景，视野异常开阔，成为游人休息、摄影

的好地方。若水榭不能突出于水中时，通常以宽敞的平台开拓观景视野。如杭州的"平湖秋月"，苏州怡园的"藕香榭"，南京中山陵水榭，北京陶然亭水榭等。

（2）水榭宜尽可能贴近水面，宜低不宜高

水榭低临水面，既可营造浮于水面的清爽之感，又可掩盖支撑水榭的下部混凝土骨架，创造出清新的意境。设计前应以稍高于历年最高水位标高作为水榭的设计地坪，以免被水淹。苏州拙政园的芙蓉榭，位于主厅兰雪堂之北，大荷花池尽东头。建筑前部跨水而建，平台低临水面，跨水部分以支柱凌空架设，平台下绿植掩映遮蔽梁柱，内圈以粉墙漏窗及落地罩加以分隔，建筑四周设鹅颈靠椅，建筑立面开敞明快。夏天夜晚，皓月当空，明月、清风、月影、荷香齐至，确实能给观赏者带来美不胜收之感。

研讨：简要分析当地有特色的水榭，与周边水体、环境的协调设计。

经典案例

水心榭，在河北承德避暑山庄东宫之北。是宫殿区与湖区的重要通道。乾隆十九年（1754年）列为"乾隆三十六景"第八景。榭建于下湖和银湖之间，跨水为桥，上列亭榭3座，南北为重檐四角攒尖式方亭，中为进深3间重檐水榭。榭在水中，两旁空间广阔，碧波荡漾，四望皆成画景，确有"飞角高骞，虚檐洞朗，上下天光，影落空际"的诗意。

任务五 舫的设计

在古典园林建筑中，舫属于临水建筑，又称不系舟。如苏州拙政园的"香洲"、北京颐和园的"清晏舫"等。舫前端有平桥与岸相连，模仿登船之跳板。立于舫中，身临其中，使人有荡漾于水中之感，是园林中供人游玩设宴、观赏水景的场所。

一、舫的含义

舫是仿照船的造型，在园林的水面上建造起来的一种船形建筑物，供人们游玩设宴、观赏水景。舫的立意是湖中画舫，使人产生虽在建筑中，却犹如置身舟楫之感。舫最早出现在江南园林当中，下部用石头砌成，上部用木构建筑，现代舫也常用钢筋混凝土结构（图3-56、图3-57）。

二、舫的基本形式

舫的基本形式类似船形，宽约丈余，一般分为船头、中舱、尾舱三部分。船头做成敞棚，供赏景用。中舱最矮，是主要的休息、宴饮的场所，舱的两侧开长窗，坐在其中视野开阔。后部尾舱最高，一般为两层，下实上虚，上层状似楼阁，四面开窗以便远眺。舱顶一般做成船棚式样，首尾舱顶则为歇山式样，轻盈舒展，成为园林中的重要景观。

图 3-56　狮子林石舫

图 3-57　现代舫

拙政园"香洲"（图 3-58），通体高雅而洒脱，其身姿倒映水中。"香洲"造型轻巧，三面临水。船舫分前、中、后三部分：前舱高高如亭，可赏景；中舱开阔为轩，可宴客；尾舱两层为楼，可读书，也可揽景怡神。"香洲"船头上悬有文徵明写的题额，后人还专门为之题跋。

图 3-58　拙政园"香洲"

三、舫的设计要点

舫宜建在水边开阔处，以取得良好视野。舫头应迎向水流方向。两面或三面临水，四面临水为最佳，可设平桥与湖岸相连。苏州狮子林石舫位于狮子林水池西北，舫身四面皆在水中，船首有小石板桥与池岸相通，犹如跳板。船身、梁柱、屋顶为石构，门窗、挂落、装修为木制。前舱耸起，屋顶呈弧形曲面，中船低平，屋顶为平台，屋舱上下二屋，有楼梯相通。其制作精巧，造型逼真，细部花饰已带有一些西洋风味。画舫斋在怡园西北，为抱绿湾池水边的船形建筑。前部平台伸入池水之中，台下由湖石支撑架空；两侧临池之处与其他池岸一样叠石而成；由此三面临水，宛如一叶轻舟，浮于水面之上，轻盈舒展。平台又有一小石桥与池岸相连，仿佛登船的跳板。画舫斋是摹仿拙政园"香洲"而建，但也形成了自己的特色。在环境处理上结合小园地形，平台架空于水面之上，建筑轮廓流畅，整体小巧紧凑，成为怡园西部景色的终端。其室内装修尤为精美，为江南旱船之冠。

研讨：收集资料并分析我国古典优秀舫的设计要点。

技能训练

技能训练一　抄绘景观入口施工图

1. 目的：了解居住区景观入口的设计规范，掌握景观入口施工图的绘制方法（图3-59）。
2. 任务：抄绘景观入口总平面图、立面图、剖面图等施工图（图3-60）。

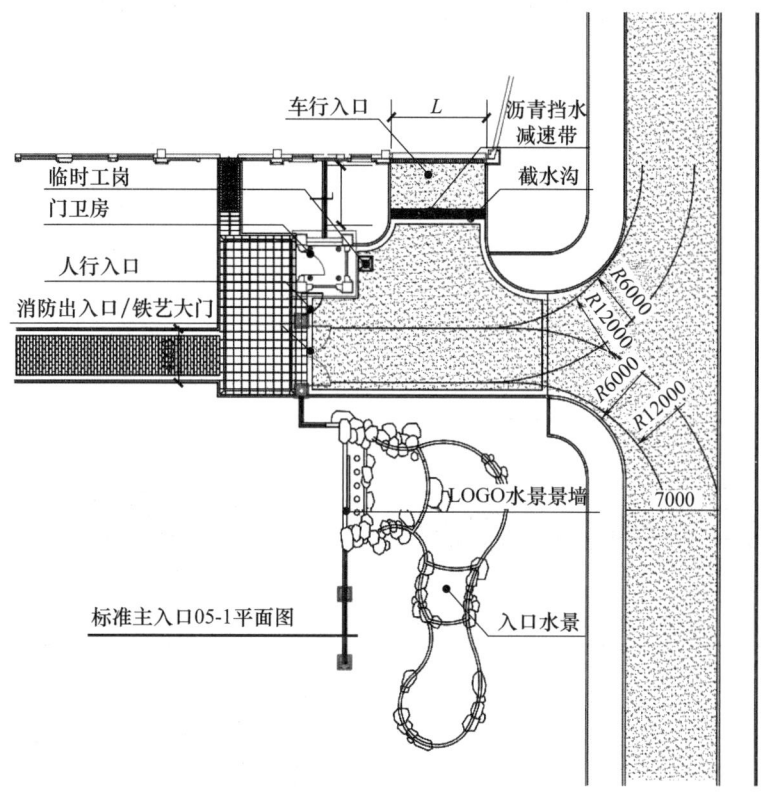

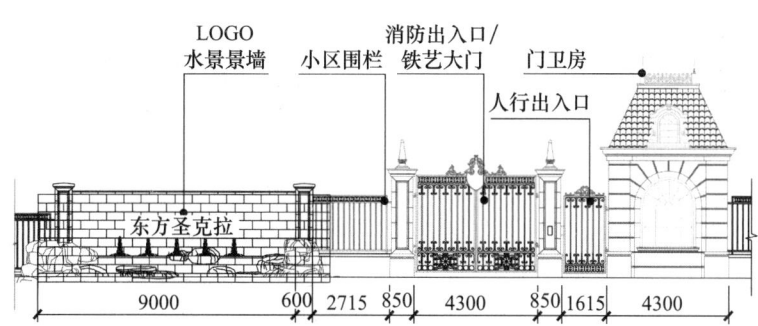

图3-59　居住区景观入口施工图

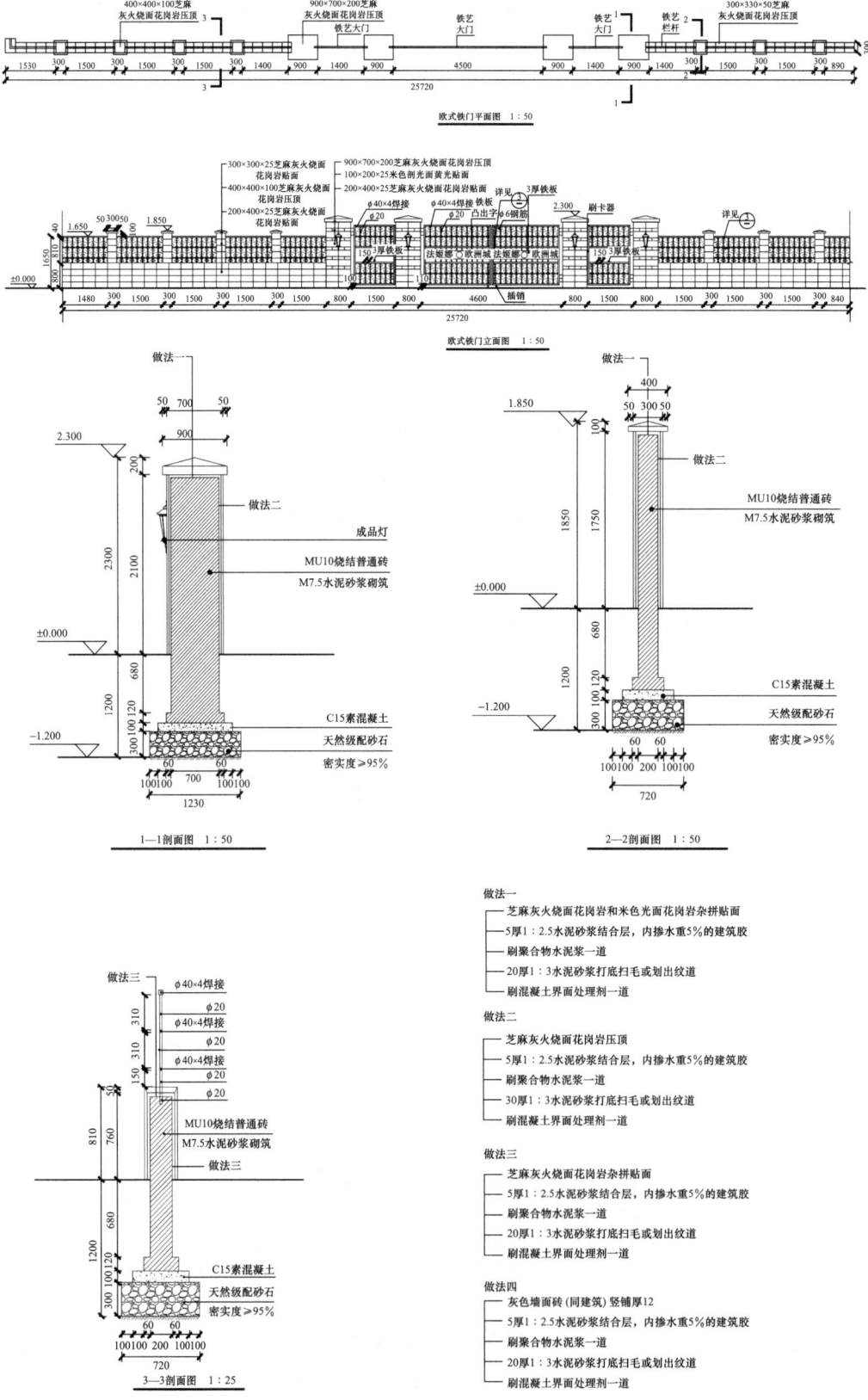

/ 项目三　园林单体建筑设计 /

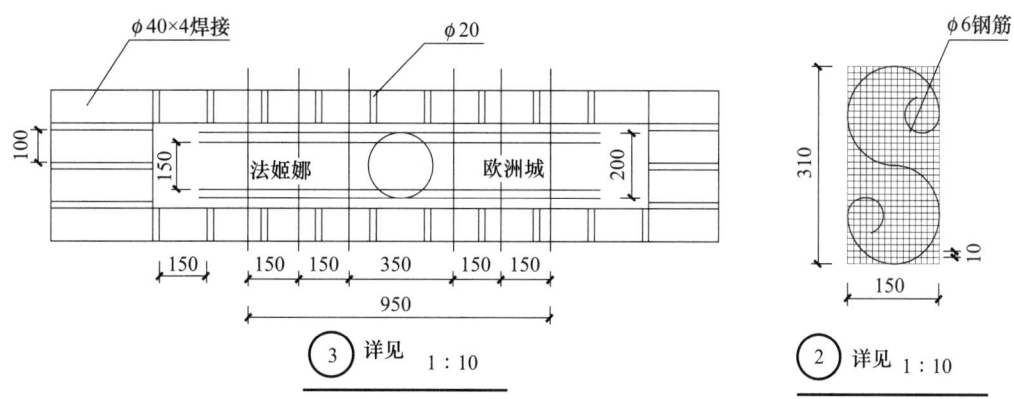

图 3-60　居住区景观大门施工图

技能训练二　抄绘亭施工图

1. 目的

通过对园林建筑亭的图纸抄绘，使学生进一步理解国家建筑标准设计图集的相关内容，明确建筑平面图、建筑立面图、建筑剖面图的形成、图示内容与识图方法和步骤，掌握建筑施工图的绘制方法与步骤，并能应用国家制图标准和相关规范，能正确识读建筑平面图、建筑立面图、建筑剖面图，以此提高学生的专业制图能力。

2. 任务

识读和绘制亭施工图（图 3-61～图 3-63）。

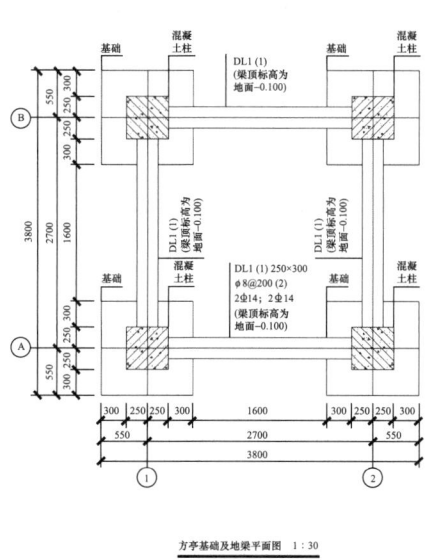

方亭基础及地梁平面图　1：30

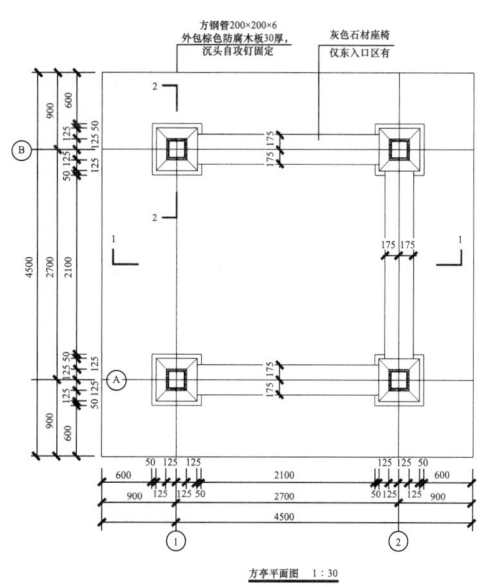

方亭平面图　1：30

77

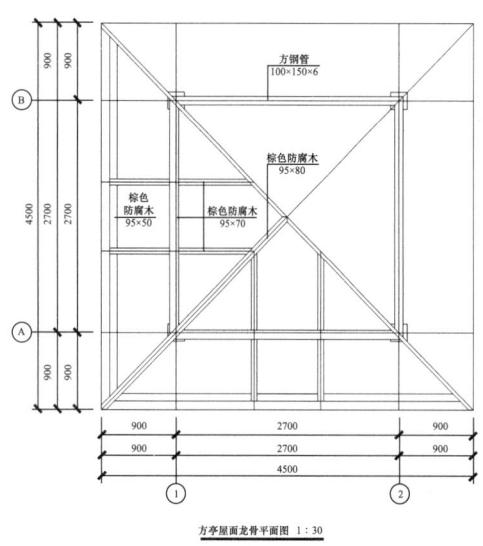

方亭屋面龙骨平面图 1:30

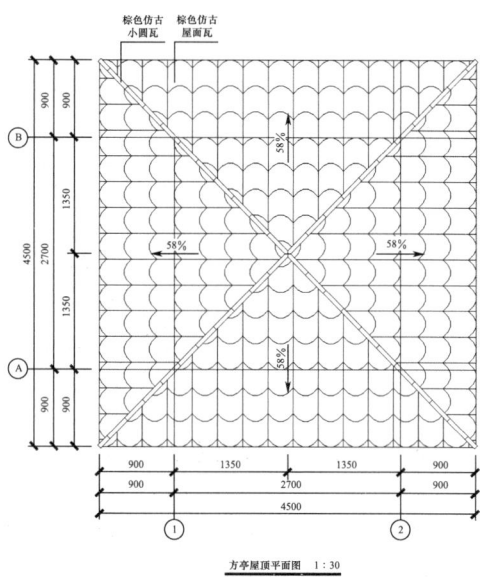

方亭屋顶平面图 1:30

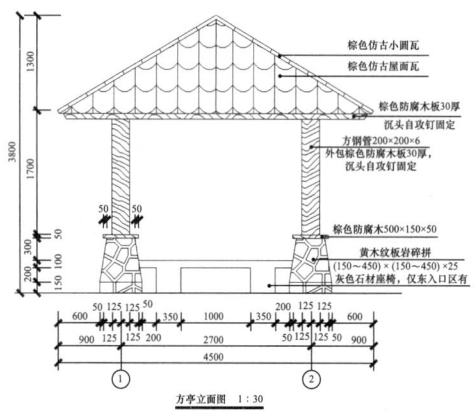

方亭立面图 1:30

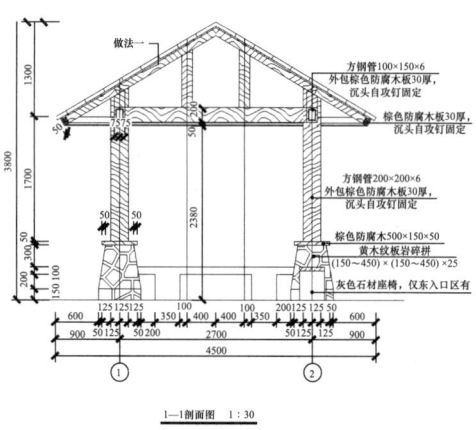

1—1剖面图 1:30

/ 项目三 园林单体建筑设计 /

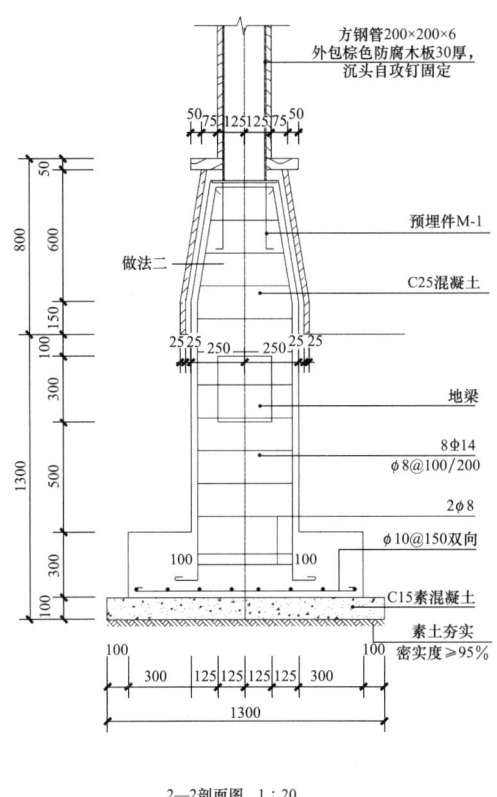

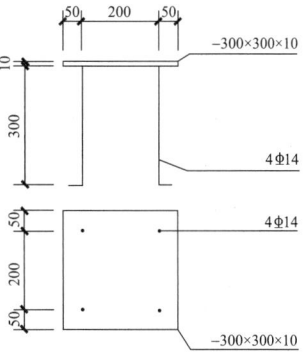

M—1详图 1∶10

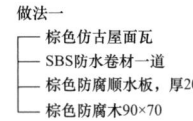

做法一
— 棕色仿古屋面瓦
— SBS防水卷材一道
— 棕色防腐顺水板，厚20
— 棕色防腐木90×70

做法二
— 黄木纹板岩碎拼(150～450)×(150～450)×25
— 5厚1∶2.5水泥砂浆结合层，内掺水重5%的建筑胶
— 刷聚合物水泥浆一道
— 20厚1∶3水泥砂浆打底扫毛或划出纹道
— 刷混凝土界面处理剂一道

图 3-61 方亭施工图

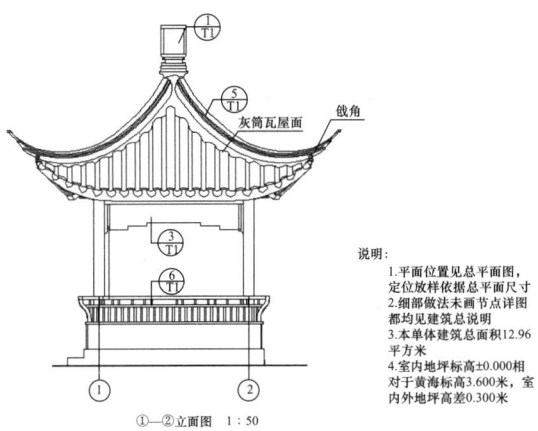

说明：
1.平面位置见总平面图，定位放样依据总平面尺寸
2.细部做法未画节点详图都均见建筑总说明
3.本单体建筑总面积12.96平方米
4.室内地坪标高±0.000相对于黄海标高3.600米，室内外地坪高差0.300米

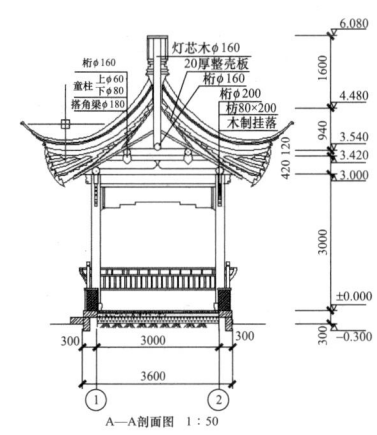

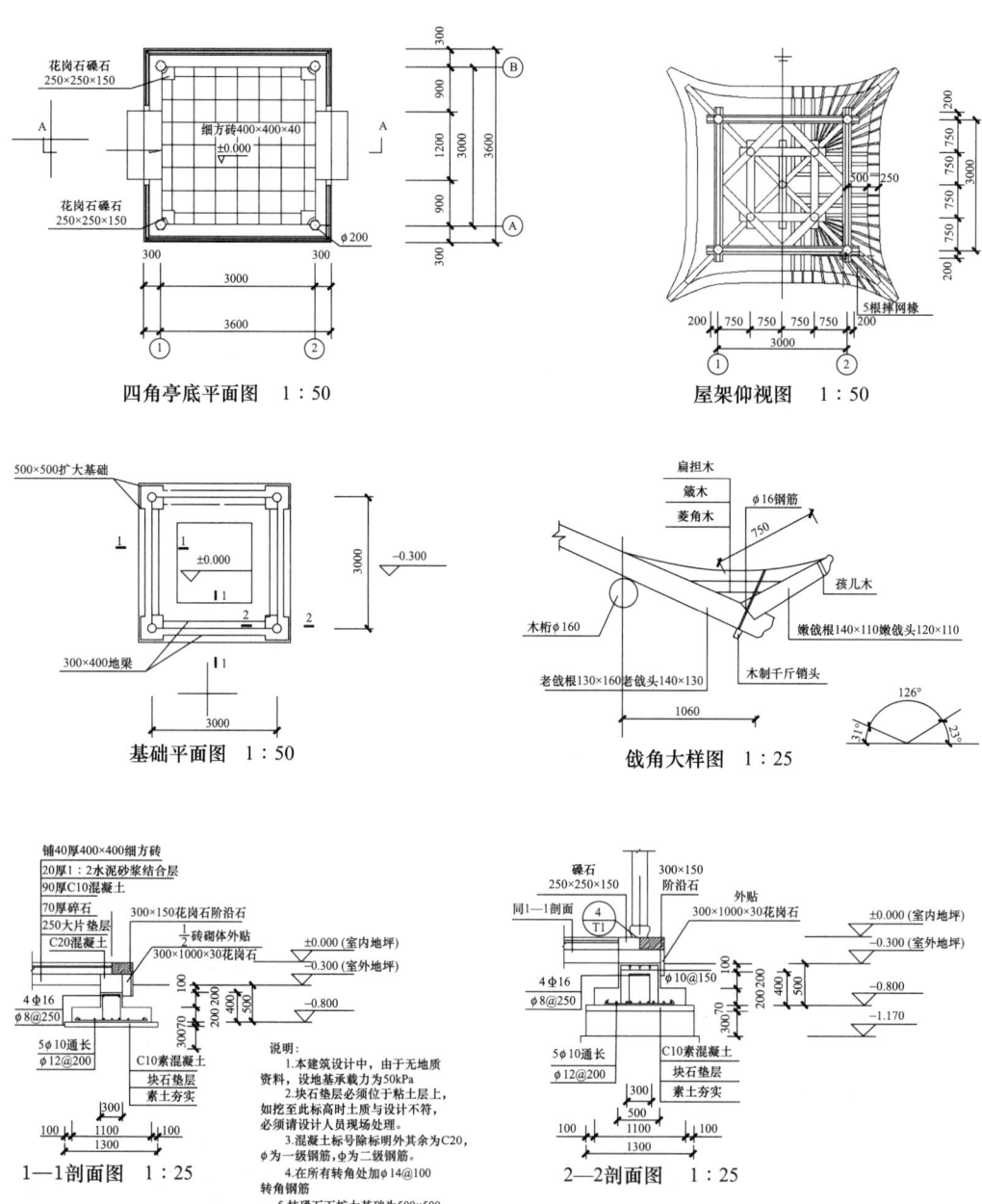

图 3-62 仿古亭施工图

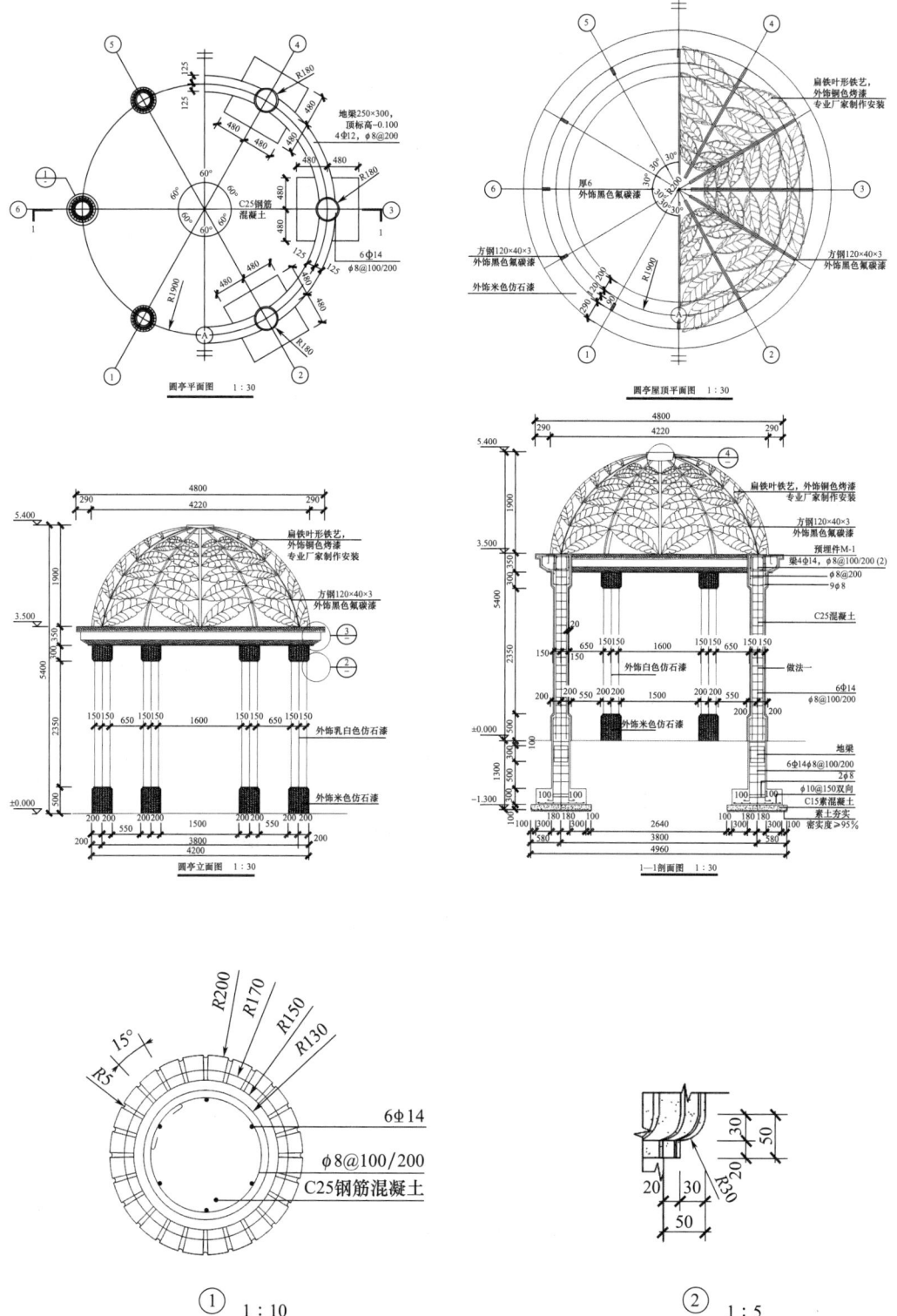

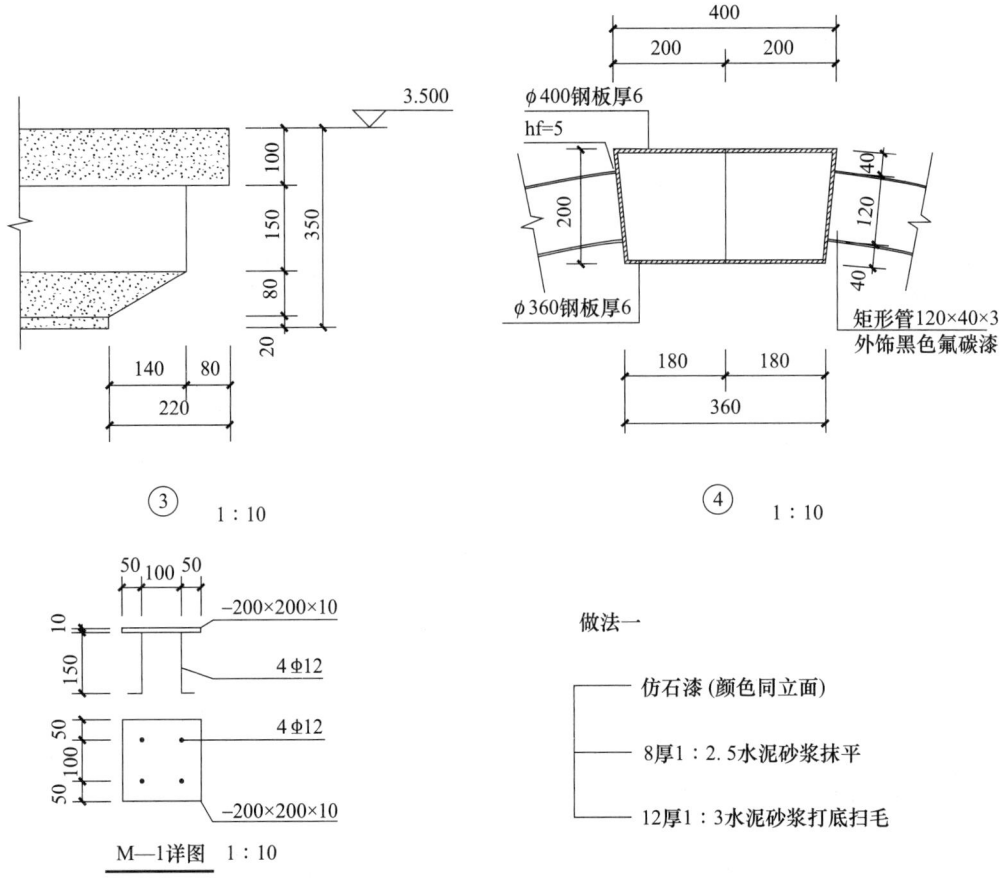

图 3-63　圆亭施工图

技能训练三　抄绘园林廊架施工图

1. 目的：了解园林建筑廊架的设计规范，掌握廊架施工图的绘制方法。
2. 任务：抄绘廊架平面图、立面图等施工图（图 3-64）。

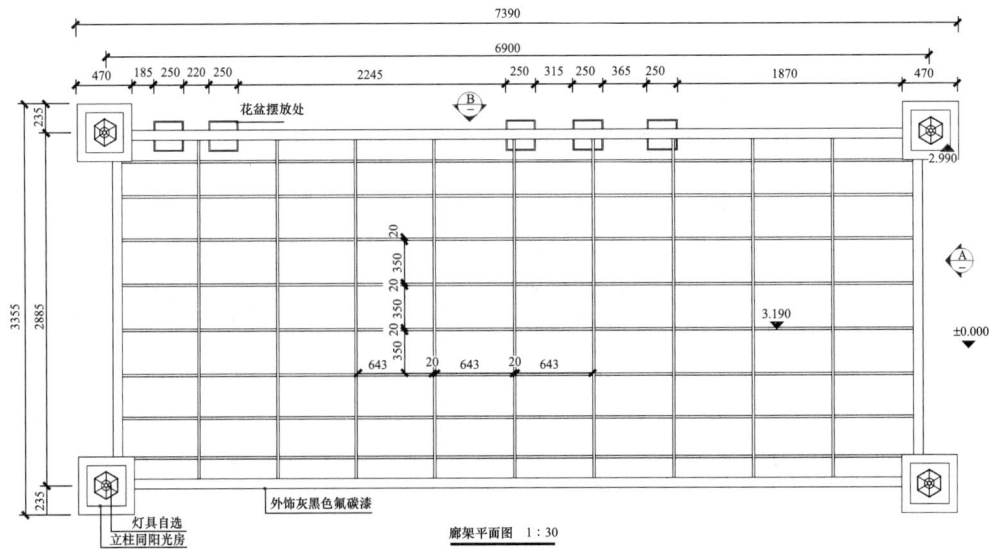

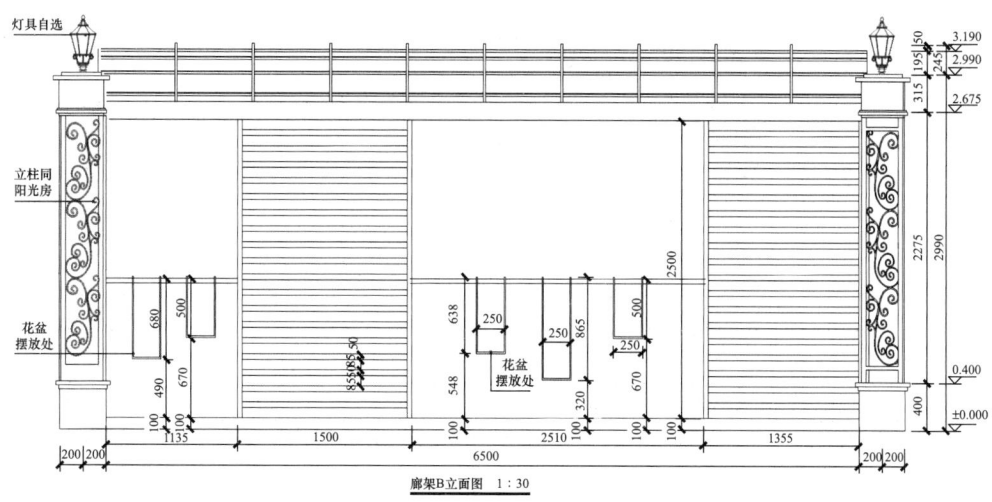

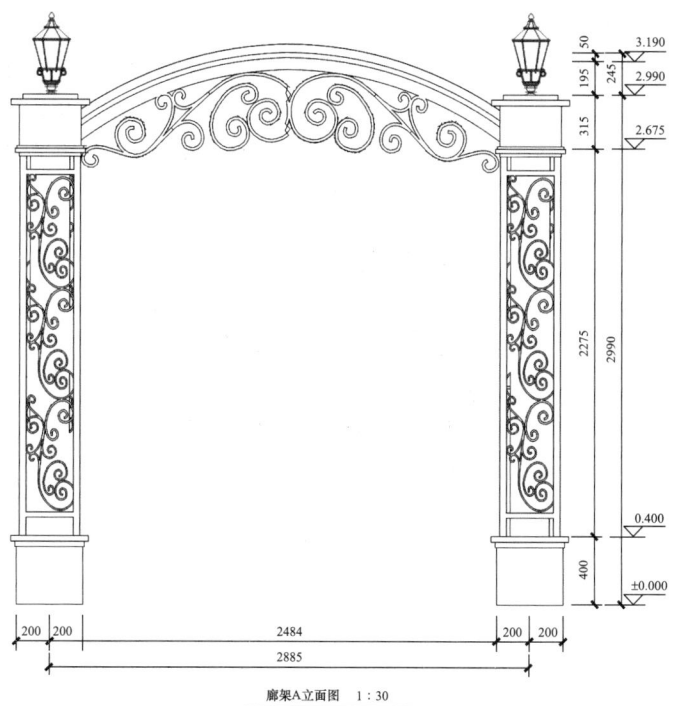

图 3-64 廊架施工图

技能考核

考核项目	考核内容	总结归纳	自我评价
知识考核	园林单体建筑的功能		□A □B □C
	园林单体建筑的类型		□A □B □C
	园林单体建筑的结构特征		□A □B □C
	园林单体建筑的设计要点		□A □B □C

续表

考核项目	考核内容		总结归纳	自我评价
技能考核	方案构思			□A □B □C
	功能与形式的结合			□A □B □C
	整体与局部			□A □B □C
	比例尺度			□A □B □C
	主要设计成果表达	总平面布局合理，绘制正确		□A □B □C
		平、立、剖面图绘制正确		□A □B □C
		效果图表达美观、透视准确		□A □B □C
		设计说明表意清楚		□A □B □C
	识读园林单体建筑施工图			□A □B □C

注：学生完成学习任务后，结合总结归纳、知识检测和技能训练的完成情况，进行评价。（在相应级别前划"√"，A、B、C代表掌握的程度由高到低。）

鲁班，姓公输，名般。鲁班的传说千百年来在民间流传，鲁班成了民间约定俗成、妇孺皆知的能工巧匠的代表。鲁班自幼聪明好学，擅于发明工具，从小就跟随家人参加过许多土木建筑工程劳动，积累了丰富的实践经验。鲁班的发明创造很多，不少古籍记载，木工使用的木工器械很多都是他发明的，像木工使用的曲尺，叫鲁班尺，又如墨斗、伞、锯子、刨子、钻子等。鲁班的技艺和智慧，推动了中国古代工业和社会的进步，为后来的社会发展提供了源源不断的物质财富。

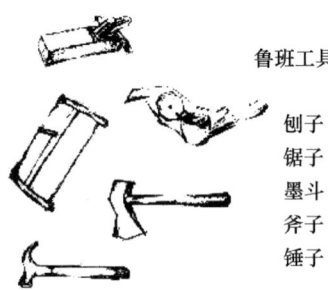

鲁班工具

刨子
锯子
墨斗
斧子
锤子

项目四

园林服务性建筑设计

[知识目标]
- 了解服务性建筑的类型与功能
- 熟悉服务性建筑的功能
- 掌握各种服务性建筑的位置选择
- 掌握服务性建筑的设计要点
- 学会从场地分析开始构思建筑空间,形成从外部向内部空间构思的设计方法

[技能目标]
- 能够根据园林绿地的风格和环境特点,选择适宜服务性建筑的风格和类型
- 能够结合园林绿地的性质确定服务性建筑的位置和规模
- 能够根据服务性建筑的特征进行内部空间布局并实现其功能
- 能够进行服务性建筑的方案设计,并完成设计图的绘制
- 能够正确识读园林服务性建筑施工图

[素质目标]
- 培育学生精益求精、求真务实的精神
- 以人为本的设计,人与自然和谐统一的体现

任务目标

了解园林服务性建筑的类型与功能;熟悉服务性建筑的功能;掌握各种服务性建筑的位置选择原则;掌握服务性建筑的设计要点;能够根据服务性建筑的特征进行内部空间布局并实现其功能;能够进行服务性建筑的方案设计,并完成设计图的绘制;能够正确识读园林服务性建筑施工图。

知识准备

园林中服务性建筑有很多类型,包括园林餐厅、公厕、小卖部、接待室、摄影部、游船码头等。服务性建筑在园林中主要起服务功能,在规模上,应根据平日人流量的多少而确定。在建筑外形和风格上,要与园林环境的整体风格相协调;同时,由于服务性建筑的使用率较高,设计者应考虑到此类建筑功能的完善性。

任务一 茶室设计

饮食业建筑在风景区和公园内逐渐成为一项重要设施。主要以餐厅、茶室为主。功

能主要是供游人饮茶、就餐、休息、赏景、交往和从事各种文娱活动。在规模较大的景区可设置设备完善的服务点，以供游客食宿（图4-1）。

图4-1　南京汤山矿坑公园餐厅

中国是中国茶的故乡，也是中国茶文化的发源地。中国茶历史悠久，且长盛不衰，传遍全球。茶是中华民族的举国之饮，目前，茶已成为全世界最大众化且有益于身心健康的绿色饮料。茶室作为餐饮业建筑，近年来在园林中已成为一项重要设施，在人流集散、功能要求、建筑形象上对园林景区的影响很大，好的设计方案不仅可以避免对景区产生负面影响，而且能丰富园区景观，为游客的餐饮提供方便。

一、茶室的选址

园林茶室作为园林中重要的园林建筑之一，不仅能给游人提供休息和餐饮的场所，同时在景观营造上，更具有点景与赏景的意义，因此，茶室的选址应根据园林的环境特点不同，因地制宜，突出其特色。

1. 方便游人

茶室应选择在人流量较大的地段、人流量集中活动的景点附近。如游人较多的广场旁边、主干道附近、公园的出入口附近等。设计时应避免干扰主景观，应离主景点有一定的距离，同时也要兼顾游人方便寻找（图4-2、图4-3）。

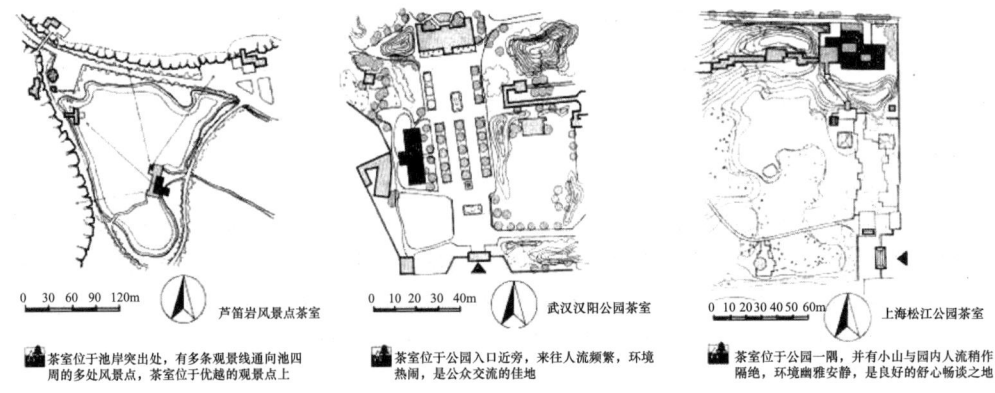

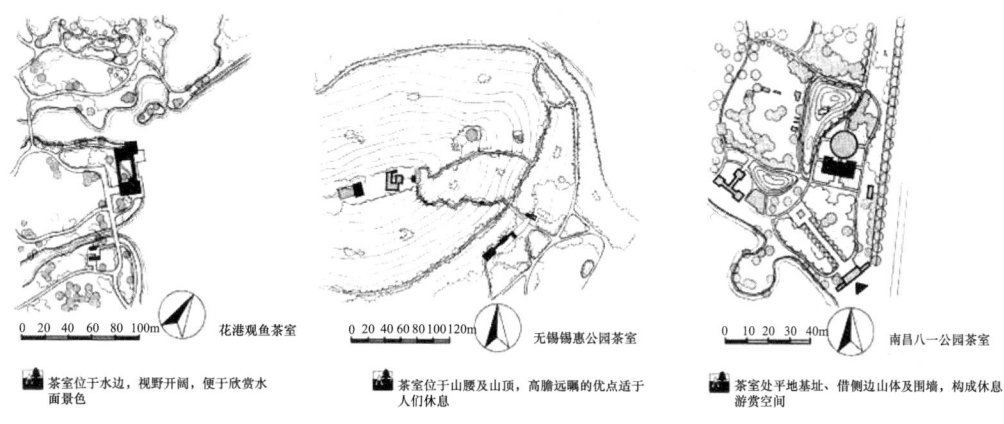

图 4-2 茶室的选址

图 4-3 临湖茶餐厅

2. 方便赏景

有些人流量不大的茶室，以赏景为主，适宜选择安静的环境，但位置不可过于偏僻，不可过于偏离人流，避开人流量大的地段，选在景色宜人、有景可赏的地点，如山腰台地、湖边、池边，依山临水营造幽静淡雅的景观，为游人会客、交流和休息提供舒心宜人的环境。花港观鱼茶室，位于水边，视野非常开阔，饮茶之余，便于赏景。

二、茶室的功能组成

园林茶室的基本组成按营业及辅助用房的需要，可由以下功能房间组成，按不同规模及类型适当增减：

1. 门厅

室内外空间的过渡，缓冲人流。在北方冬季有防寒作用。

2. 营业厅

园林茶室营业厅应考虑最好的风景面及室内外同时营业的可能。营业厅是园林茶室

二维码动画

的主要客用空间，在设计上应交通方便，且要有良好的朝向，同时要考虑满足客人的观景需要，注重室外景观的营造，视野范围内应有景可赏；现代园林茶室在设计上也越来越注重室内景观的营造，假山、水池、植物景观、艺术景墙等被广泛应用。

营业厅餐桌椅的布置应考虑客人出入与服务人员端茶送水时的交通干扰，应尽量减少人流交叉干扰。

3. 备茶及加工间

茶或冷、热饮的备制空间，备茶室应有售出供应柜台。

4. 洗涤间

用作茶具的洗涤、消毒。

5. 烧水间

应有简单的炉灶设备。

6. 储藏间

主要用作食物的贮存。

7. 办公、管理室

一般可与工作人员的更衣、休息结合使用。

8. 厕所

一般应将游人用厕所与工作人员用内部厕所分别设置。

9. 小卖部

一般茶室设有食品或工艺品小卖部等。

10. 杂务院

进货入口，并可堆放杂物，及清除废品。

研讨：结合实例调查总结公园中茶室的选址和功能组成。

三、茶室的设计要点

1. 适应性

茶室建筑风格及体量要与园林整体相适应。对于规模较大的园林可分设几处，要避免过大的体量与主景不相称。

2. 隐蔽性

对于有碍景观的建筑部分要进行隐蔽处理。对于辅助用房，如烧水间、储存货物仓库等，除进行外形处理之外，还要注意上下水、垃圾污物及燃烧烟尘的防污染处理。若园内没有完整的上下水道及电力、热供应，则建筑应靠近园外水电、热等公共设施为宜。

3. 造型

建筑造型要美观。茶室的外观造型要因地制宜、有特色，避免千篇一律，根据环境条件在水上可以建成水榭、画舫等形式的茶室。园林茶室在景观上宜室内外相互渗透，室内装饰与室外亭廊配合互为景观。在缺少外景条件时，也要将室内用山石、水景以及真假植物装饰（图 4-4、图 4-5）。

图 4-4 茶室内部环境与装饰

图 4-5 茶室内部装饰

四、茶室的设计案例

1. 青藤茶馆

青藤茶馆是一个集茶艺、陶艺、休闲、娱乐、商务会谈等为一体的多功能休闲空间，建筑结构为钢筋混凝土框剪结构，总面积约 5000m²，建筑层高 5.5m。

本设计在保持原有建筑框架结构的前提下，在功能与室内装修上进行了艺术的再创造，并对设计的主题（茶馆）进行完善和延续，使其休闲娱乐的功能与新中式风格的形式得到统一。

青藤茶馆的设计在功能上设入口门厅、大厅散坐区、多功能区、陶吧、卡座区、中式包厢区、日式坐炕包厢、小型日式坐炕、表演区和院落式包厢，分别按照中式、日式茶艺馆标准设计，分区合理，动静划分明确，人流组织通畅。

茶馆的平面/立面设计中结合了大量中国美术学院艺术家的艺术创造，使整个空间在文化上再上了一个层级，也使得青藤茶馆在空间的艺术品位上独树一帜，成为新西湖时代的新的旅游和休闲之所。

店名体现了经营者的个性与茶文化和谐的统一。茶店外部灯光明亮，用了白色或绿色，并且用一两只绿色的射灯则更能突出茶店的吸引力。使得茶馆门两旁的竹子更青翠，让人更觉茶的清新与素雅。店门大，不仅为了采光，其更显气派。

青藤茶馆的内部装修大胆地将中国古典园林以及中国古典建筑的处理手法与较为现代的设计观念相结合，以传达中国古典园林般的空间美学理念，致力于创造一个具有中国特点的文化空间。

地面主要采用大理石、水磨石，看上去干净整洁，也比较有大自然的原始风味。屏风又当承重墙，又起到装饰作用，配以竹子、滴水观音和小池，颇有园林风格。

将传统和现代风格结合，青石地板、清台楼阁用红色烤漆、橡木染色。并且用灯光来区分虚实，使得空间更有层次感。

通道十分清静幽雅，与自然环境相结合，让顾客被文化气息所陶醉。沿途的盆栽起到画龙点睛的作用，植物不仅可以用来装饰，还可以绿化环境。顶面用色十分素雅，并用灯具衬托，降低了吊顶的高度，给人以亲切的感觉。过道，采用木质和玻璃结合的手法，既现代又传统。若全是玻璃则不防滑，若全是木头则过于死板，所以木质和玻璃相结合不仅美观而且防滑。灯光照在上面所产生的效果让人感觉古朴而不是浪漫。楼梯的基调和整个茶楼的基调一致，很有中国传统风味，在楼梯拐角处不忘用充满中国风的图腾点缀，以暗红色搭配褐色也显得高贵并且十分经典。照明合理，在登楼梯时光线充足。

整面墙用古代的图案装饰，显得大气不杂乱，让人感受到茶文化的历史悠久。

桌椅也很古朴，选用的是方形圆角的桌子，既不会像方桌那样过于规正，也不失圆润。同时方形圆角的桌子较安全，不容易磕着。桌椅高度适中，据目测椅子到桌面的高度在 30cm 左右，符合人体工程学，不会因桌椅过高或过低而引起胃部不适。

2. 水中的竹院茶馆

潇洒风流谓之韵，尽变奇穷为之趣。竹院茶馆便是变化的建筑设计和庭院布局的新奇产物，竹院茶馆的设计无疑沿袭中国传统园林的基本元素，融入自然环境的借景，以及化景。

扬州传统庭院由朝内的凉亭组成，形成一个内部景观空间。竹庭院从中汲取灵感，在方形平面布局基础上分割出小空间，以营造内部景观区域。每个内部景观空间皆可饱览湖面全景。

从外观上看，竹院是一个有虚实变化的立方体。夜晚灯火亮起，茶室的竖向线条更加明显。简洁的外形诠释了建筑与自然的统一。

户外步行道，也因为竹子的原因，别有趣味，在湖面上呈现出一种格外的风雅与自然。

茶馆利用竹子的笔直线条，密集排布出纵横交错的视觉效果。

五、经典案例

1. 留园的冠云楼茶室

留园是中国四大名园之一，连绵七百余米的长廊，数十峰姿态各异的太湖石和几百方镌刻有历代名家书写的书条石，诠释了"奇石尽含千古秀"的精髓。留园的冠云楼茶室在修缮后重新对外开放，就此成为苏州人喝茶的好去处之一。冠云楼，一座红漆门窗的二层小楼。窗外楼下，就是著名的"冠云峰"。坐在冠云楼茶室，点一壶碧螺春，纵览眼前的奇石山水，欣赏庭院内的景色，十分惬意。

2. 双照楼茶室

双照楼，三面有窗，是全园赏景的最佳地点。旧时凭窗眺望，可见古城墙伸向远方。楼下是内城河，岸边"芳草森森，垂柳依依"，十分幽静。南窗、西窗可赏园内景色，山光水色，鸟语花香，尽敛眼前。双照楼吊顶上方有银杏木匾，上书楷体"双照楼"三字，系园内原物，无款，据传为园主沈秉成之亲属吴中词人吴昌绶手书，较古朴而显其珍贵。

双照楼茶室共有一个主厅和两个包厢，茶室主厅楼面纵横均为8m，东、南、西三面临空置窗，北面为板墙，顶为卷棚歇山式。轴向东西，与补读旧书楼之轴向已扭转90°。茶室西面有一通道与补读旧书楼相通。盛夏时节，坐于主厅之中，放眼可见满目苍翠，绿意葱茏，让燥热的夏日多了一丝凉意。

3. 苏州艺圃延光阁

艺圃园内有一座架于水面的水阁，名延光阁。这个水榭是现在苏州园林中最大的水榭。艺圃前身是明代袁祖庚所建的醉颖堂。袁祖庚四十岁后辞官退隐，在苏州择地建艺圃造宅园，并悬匾额"城市山林"，过隐士生活。明亡后，在清初为明进士姜埰（号敬亭）所有，改称"敬亭山房"，后其子更名"艺圃"。在喧闹的吴趋坊文御弄里，它既不张扬也不消沉，遗世独立于市井之中。艺圃拥有苏州园林中最大的水榭延光阁，如今的延光阁便是艺圃的茶室，坐在这里抬头望窗外，全园的美景尽入眼帘，春风拂面的日子，艺圃的延光阁茶室成为不少人"消闲"的首选之地。

4. 五峰园五峰山房

五峰园大概是苏州名园中最小的一个，始建于明代嘉靖年间，俗称"杨家园"。园子不大却很精致，假山精巧，建筑简洁，花木扶疏，留有明代园林清朗的风格。五座太湖石峰高低相仿、姿态各异，为苏州罕有。五峰园茶室在五峰园内一间老屋内，叫五峰山房。室内桌子不多，陈设也很简单，除了厅堂之上悬挂的"五峰山房"匾额之外，并无其他字画摆设。来这里静坐片刻，伴随着茗茶悠悠的香气，让人有种脱离城市喧嚣的宁静之感。

5. 网师园露华馆

露华馆位于网师园西南，原是园中的牡丹芍药圃，额名取自李白诗句"云想衣裳花想容，春风扶槛露华浓"，而馆内茶室由原设在梯云室的茶室搬迁而来。

露华馆建筑坐北朝南，屋顶为单檐硬山顶建筑，屋面辅以望砖，石板，椽望，青瓦。露华馆平面为矩形，面阔三间，进深六架，前后皆为鹤颈一枝香轩，上有些微雕花，其总体结构为抬梁式，东西山墙正中有花窗，一边种有竹子。当心间正立面为六扇隔扇门，次间皆为六扇小槅扇门，皆为木质。茶室本身布置典雅，室外环境也美，前门外有牡丹芍药园，后门外有小庭院。携三两好友，于茶室相聚品茗，呷一口茶、听一场书，这是属于老苏州的风雅生活。

6. 狮子林暗香疏影楼

狮子林是园林中较有趣味的，园内假山众多，长廊环绕。最大的特点是"竹与石占地大半"，别具一种山林气息，曾有禅师写道："人道我居城市里，我疑身在万山中"。

狮子林的茶室设在暗香疏影楼，楼名取自宋代林逋"疏影横斜水清浅，暗香浮动月黄昏"诗意。在这里凭窗眺望，可将园中的山石水池一览眼底，再配上一杯悠悠香茗，不失为一个寻清觅静的好去处。

7. 怡园茶室

怡园位于人民路上，道路车水马龙，甚是喧嚣，大门也不显眼，一不小心便错过，颇有大隐隐于市的味道。怡园的确是喝茶的好地方，入口处有间茶室，分为上下两层，平日里有固定茶客前来。一楼是大厅，摆满了喝茶的小桌子，二楼是包间，闹中取静，每个包间均以"月"起名，风格各不相同。园林中的茶室，滋养了苏州人的精神，在赏花观林之际增添了不少生活情趣。

研讨：实例分析公园中茶室的外观特点和内部装修风格。

任务二　园林公厕设计

厕所文明是现代文明的组成之一，是城市文明形象的窗口，体现物质文明和精神文明的发展水平，显示了一个民族的文化素质。

园林公厕是园林服务建筑中的一个重要组成部分，营造出卫生、舒适、文明的公厕是对人的尊重。随着旅游业的发展，应该更加关注园林公厕的规划与设计。

一、园林公厕的类型

1. 临时性厕所

包括流动厕所，位置灵活，可根据需要设置，解决因临时性活动人员的增加所带来的需求。

2. 独立性厕所

在园林中单独设置，与其他设施不相连接的厕所，可以避免与其他设施的主要活动产生相互干扰，适合于一般园林（图4-6）。

3. 附属性厕所

附属于其他建筑物之中，是公共使用的厕所。管理与维护比较方便，适合于不太拥挤的区域设置。

二、园林公厕的选址

园厕位置的选址需注意以下几点：

1. 园林厕所应布置在园林的主（次）要入口附近，并且均匀分布于全园各区，彼此间距200~500m。一般应位于游客服务中心地区，或风景区大门口附近，或活动较集中的场所。

2. 选址上应避免设在主要风景线或轴线、对景处等位置，位置不可突出，离主要游览路线有一定距离，设置路标以小路相连接。巧借周围的自然景物，如树木、花草、竹林等，进行掩蔽和遮挡（图4-7）。

3. 园林公厕要与周围环境相融合，既不妨碍风景，又易于游人寻找。在外观处理上，必须符合该园林的格调与地形特色，既不能过分讲究，又不能过分简陋，色彩尽量符合该风景区的特色，切勿造成不协调的感受。

4. 园林公厕宜设置在阳光充足、通风良好、排水顺畅的地段，周围可栽植一些有芳香气味的植物花木，以减少厕所散发的气味。

图 4-6　独立式公厕

图 4-7　巧借树木遮挡

三、园林公厕的设计要点

园林公厕不仅要满足游人的使用，还应体现出园林公厕的文化底蕴与文明属性。现代公厕的设计理念主要考虑要做成可供旅游欣赏的"景观小品"，考虑与大自然的协调，考虑城市的品位、文化背景及特色。

二维码微课堂

1. 景观设计

（1）体积上，宜小不宜大，以小衬园林之大；

（2）色彩上，宜亮不宜暗，亮可明目，更衬园林之深邃；

（3）形状上，应视具体位置，变化多样，以衬园林景观变化之不足；

（4）打破单调外形，将古典艺术、园林风景和现代建筑风格融入园厕的建设中，做到让每一处园厕成为一道靓丽的景观（图4-8）。

图 4-8　园厕的造型与色彩

园林公厕设计应与景观设计的风格统一；要通过对自然环境与人文建筑、园区景观等要素的结合，呈现建筑与它所属环境的相互渗透。满足功能的同时，应着力挖掘所在地区的风格特征与人文特色，运用到园厕建筑的设计中，塑造出个性鲜明的景观园厕。在材质的运用中，尽量使用当地较为常见的材料，体现当地的自然特色。室内设计也应别出心裁，创造优雅宜人的舒适效果。

研讨：结合实例调查总结公园中公厕的选址和建筑风格。

2. 建筑设计

园林公厕的定额根据公园规模的大小和人流量多少而定（图 4-9～图 4-11）。

(a) 蹲便器人体使用空间

(b) 坐便器人体使用空间

(c) 小便器人体使用空间

(d) 烘手器人体使用空间

(e) 洗手盆人体使用空间

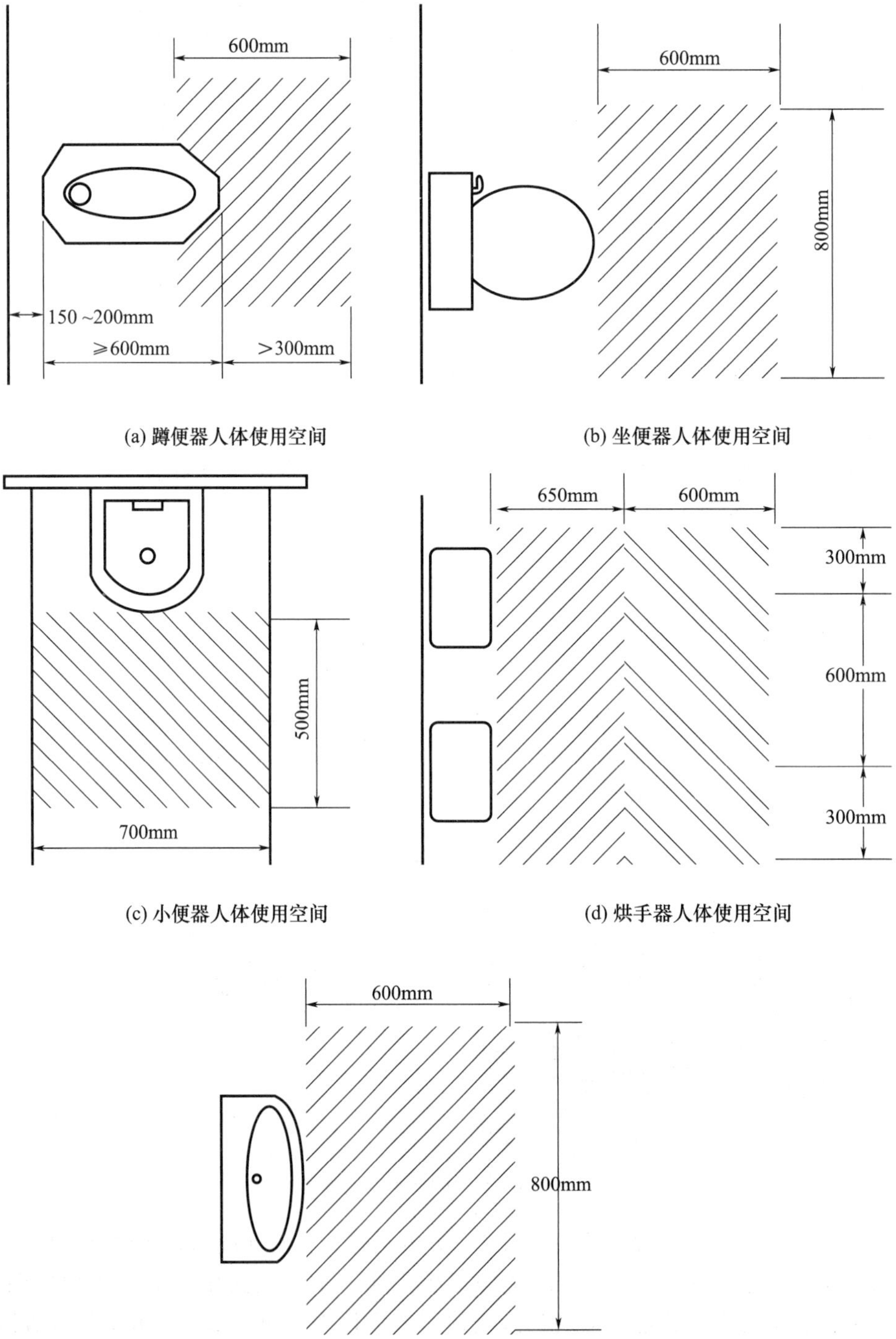

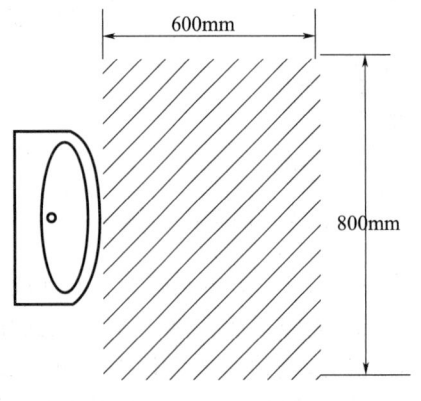

图 4-9　厕所内人体活动空间

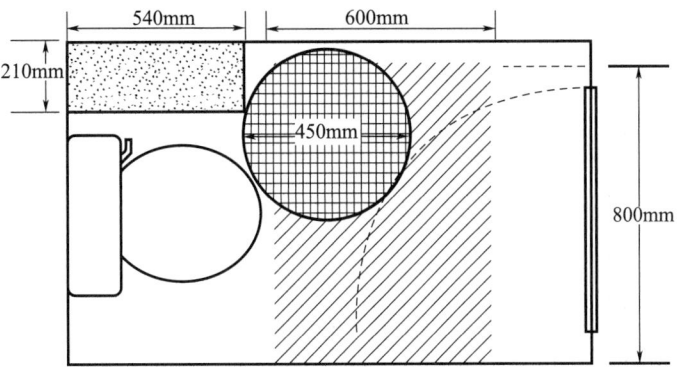

(a) 内开门坐便器厕所间人体活动空间

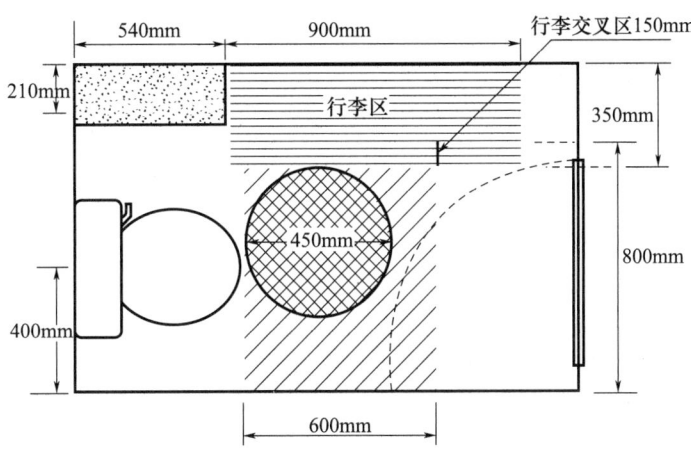

(b) 内开门坐便器(加行李区)厕所间人体活动空间

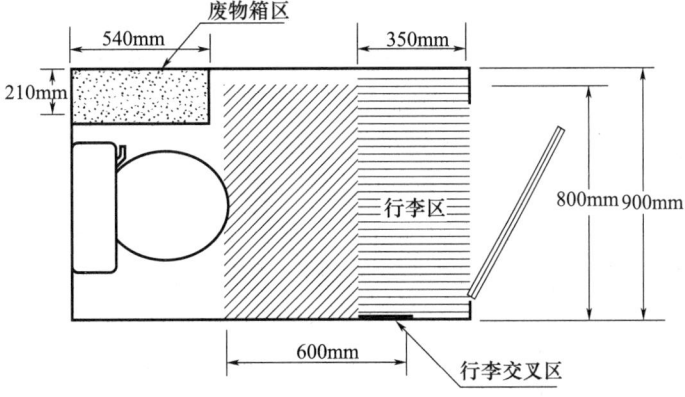

(c) 外开门坐便器(加行李区)厕所间人体活动空间

图 4-10　内（外）开门厕所间人体活动空间

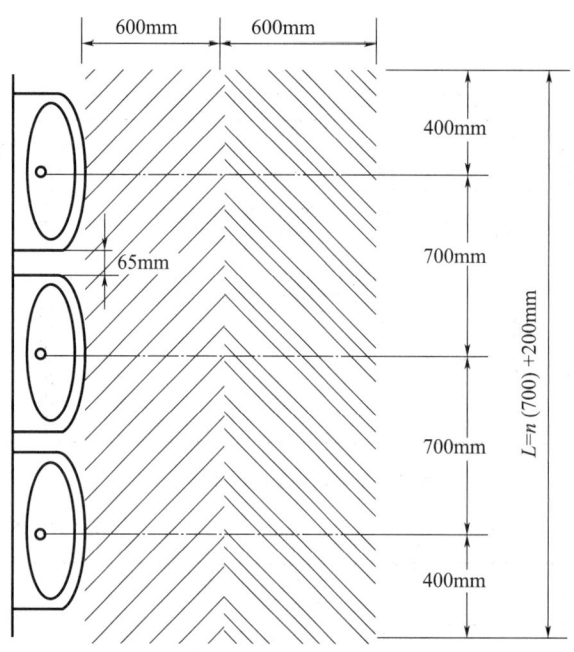

图 4-11 组合式洗手盆人体相邻洁具空间

每处园厕的面积一般在 30~40m²，男女蹲位一般 3~6 个，男厕内还需配小便器。公共厕所的建筑设计应满足下列要求：

公共厕所内墙面应采用光滑、便于清洗的材料；地面应采用防渗、防滑材料。

独立式厕所的建筑通风、采光面积之和与地面面积比不宜小于 1：8，当外墙侧窗不能满足要求时可增设天窗。

独立式公共厕所室内净高不宜小于 3.5m（设天窗时可适当降低）。室内地坪标高应高于室外地坪 0.15m。

每个蹲位尺寸为 1.00~1.20m×0.85~1.20m；独立小便器间距为 0.7~0.8m；单排厕位外开门走道宽度以 1.3m 为宜，不应小于 1.00m；双排厕位外开门走道宽度以 1.5m~2.1m 为宜；厕位无门走道宽度以 1.2~1.5m 为宜。

各类公厕厕位不应暴露于厕所外视线内，厕位之间应有隔板。隔板及门的下沿与地面距离应大于 0.1m，最大距离不宜小于 0.15m；隔板及门的上沿距地面的高度，一、二类公厕不应小于 1.8m，三类公厕不应小于 1.5m；独立小便器站位应有高度为 0.8m 的隔断板，隔断板距地面高度应为 0.6m；门及隔板应采用防潮、防划、防画、防烫材料；厕位间的门锁应用显示"有人""无人"标志的锁具，门合页宜用升降合页。

根据公厕设计规范，园林公厕的设计应考虑无障碍坡道及无障碍厕位，多层公共厕所无障碍厕所间应设在地坪层。园林公厕不设计台阶，方便轮椅出入，室内地面设防滑防冻处理，无障碍厕位间需设置安全扶手。无障碍设计厕位门向外开启，门宽≥0.8m；设置坐便器，高约 0.4~0.45m。水平抓杆高 0.7m（表 4-1）。

二维码动画

表 4-1 无障碍厕间、厕位设计要求

备注	设计要求	名称
无障碍厕位	宜≥2.00m×1.50m，不应小于1.80m×1.00m	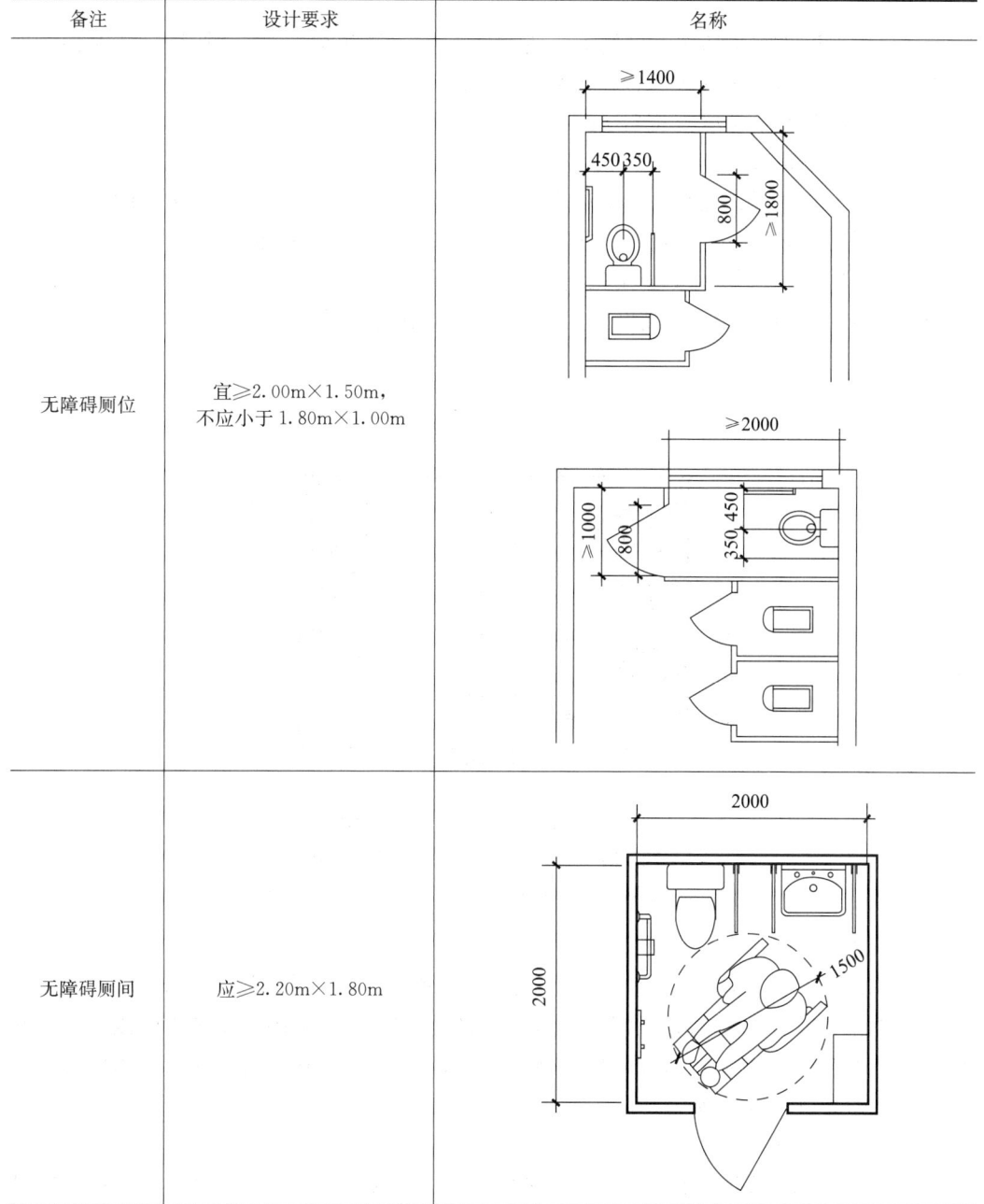
无障碍厕间	应≥2.20m×1.80m	

研讨：无障碍厕位设计规范的具体要求。

第三卫生间的设置应符合下列规定（图 4-12）：

（1）位置宜靠近公共厕所入口，应方便行动不便者进入，轮椅回转直径不应小于 1.50m；

（2）内部设施宜包括成人坐便器、成人洗手盆、多功能台、安全抓杆、挂衣钩、呼叫器、儿童坐便器、儿童洗手盆和儿童安全座椅；

（3）使用面积不应小于 $6.5m^2$；

（4）地面应防滑、不积水；

（5）成人坐便器、洗手盆、多功能台、安全抓杆、挂衣钩、呼叫按钮的设置应符合现行国家标准《无障碍设计规范》（GB 50763—2012）的有关规定；

（6）多功能台和儿童安全座椅应可折叠并设有安全带，儿童安全座椅长度宜为 280mm，宽度宜为 260mm，高度宜为 500mm，离地高度宜为 400mm。

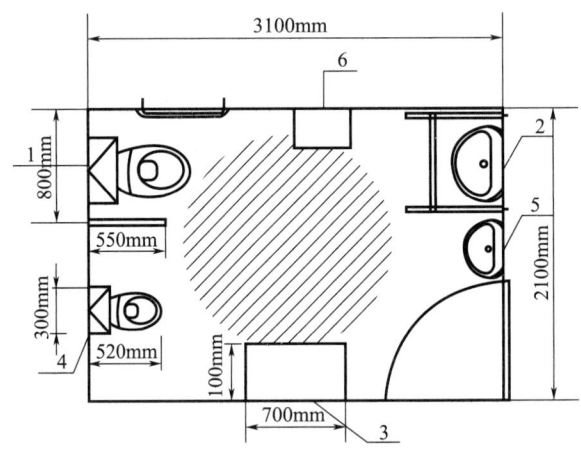

图 4-12　第三卫生间平面布置图
1—成人坐便器；2—成人洗手盆；3—可折叠的多功能台；
4—儿童坐便器；5—儿童洗手盆；6—可折叠的儿童安全座椅

3. 标志设计

园林公厕的标志设计也是设计师不能忽略的重要部分，既要求简单明了，方便引导游人；同时要赋予创意，富含文化功能，体现绿色文明；要采用大众文化所接受的公共厕所标志及男女分辨标志，追求高雅文明。标志设计表达形式丰富多样，好的标志设计能提升园林公厕的品质感。

4. 内部装饰设计

公厕设计要通风好，采光好，给排水科学，化粪池气体不能回流到卫生间，装修材料容易清洗、防滑。

（1）色彩与光线

园林公厕在色彩上应采用低彩度、高明度的色彩组合，以卫浴设施为主色调，墙地色彩尽量一致，和谐统一。

（2）装饰材料

装饰材料上，园林公厕的装饰材料应以木石等自然材料为主，但要解决安全、防潮等问题，室外要有足够的空间，以草坪或砂石坪为主。

（3）安全设计

安全设计上，一要注意老人和儿童用厕安全，无障碍设计非常重要。不要有台阶，地面要做防滑防冻处理。二是夜晚用厕安全，有夜晚照明和毒虫防治措施。三是设计时要考虑隐私安全。

（4）内部的布置

内部的布置上宜选择一些抽象或者温馨的木质装饰画，打破卫生间沉闷的气氛，营造休闲的氛围（图4-13）。

(a) 公厕装饰画　　　　　　　　(b) 洗手盆装饰

图4-13　公厕内部装饰

（5）卫浴产品

卫浴产品的布置也要讲究美观和适用性，同时要方便设备管理人员的日常清理。

研讨：实例分析公园中公厕的功能组成和造型设计上的要求。

任务三　园林小卖部设计

小卖部是园林中最为便捷的商业服务设施，满足游人在游园时临时购物、饮食等方面的需求，是游览途中不可缺少的服务。园林小卖部经营的内容非常广泛，包括生活用品、糖果、糕点、冷热饮料、土特产品、旅游工艺纪念品、书报、音像制品等。这类建筑体量一般不大，但数量较多，均匀分布于游览线上。

一、小卖部的位置选择

1. 注意规划

布局要点要考虑全园总体规划，根据园林大小及所处城市位置、商业街的远近来安排（图4-14）。

2. 方便游人

根据道路分区、游人多少，配合景点位置，方便游人逗留来设服务店。

图 4-14　青龙山公园小卖部

3. 方便货物运输

要有运输车辆的道路，最好能有隐蔽堆放杂物的小院，既不影响景观，又不污染环境。

4. 便于调整利用

园林游人多少总有季节变化，要求便于调整。

如夏季建筑可向北面营业，而冬季又可转向南面，有利用好小气候的可能，便于室内外结合与调整。温暖人多的旺季有室外部分利用的空间，而寒冷的淡季室内部分也足够使用。

二、小卖部的类型特点

1. 糖果饮料类

大型园林风景区可设多处。

2. 旅游工艺品类

结合当地工艺特产的展销。布置具有园林特色的展出环境，展出具有纪念性的工艺美术品，它本身就丰富园林文化艺术内容。

3. 花、鸟、鱼类商品部

这些都是园林中最具有技术特长的项目。结合花房温室展出花鸟的品种，宣传饲养方法，这样既有经济效益，又增加了社会效益。

4. 摄影部

可设在景点附近。摄影部建筑本身就为游人照相取景创造了条件，建些画廊橱窗展出风景图片。建筑材料做出不同质感及变化，景门景窗方便取景拍照。有条件的还可设冲印扩印与出租相机等服务。

5. 小型图书商店

园林中宜设置小型图书商店，出售科技图书、风景图片、旅游书籍，介绍国内外名胜古迹、各地风光等，建筑可结合园中园建成独立庭院，构成适当安静环境，室内外结合设置一定的阅览空间，更受游人欢迎。

研讨：结合实际调查总结公园中小卖部的位置和外观的特点。

三、小卖部的基本组成

（1）营业厅（包括柜台）是销售营业的基本空间，由于园林特点，营业厅可以室内外结合（按气候与季节），室内外营业可互相更替，并尽量创造室外活动环境。

有的小卖部不设营业厅而改小卖亭，在园林中也很常见。

（2）简易加工间，如摄影冲印加工，饮食分装，花木保养包装等均需设此用房。

（3）库房，各类小卖部均需有一定的库房面积。

（4）办公管理及值班室，为安全保管售品，需设管理值班室。

（5）杂物院，堆放杂物，进货待收，排废、瓶箱待运等缓冲用地。一般应以视线隐蔽又保管安全为宜。

（6）更衣及厕所，供工作人员使用。详见图4-15。

【知识链接】

学习《城市公共厕所设计标准》（CJJ 14—2016）和国家建筑标准设计图集《环境景观——亭、廊、架之一》（04J012-3），进一步掌握城市园林公厕的设计规范和标准。

技能训练

1. 目的：了解园林小卖部的设计规范，掌握小卖部施工图的绘制方法。

2. 任务：抄绘园林小卖部总平面图、立面图、剖面图等施工图（图4-16、图4-17）。

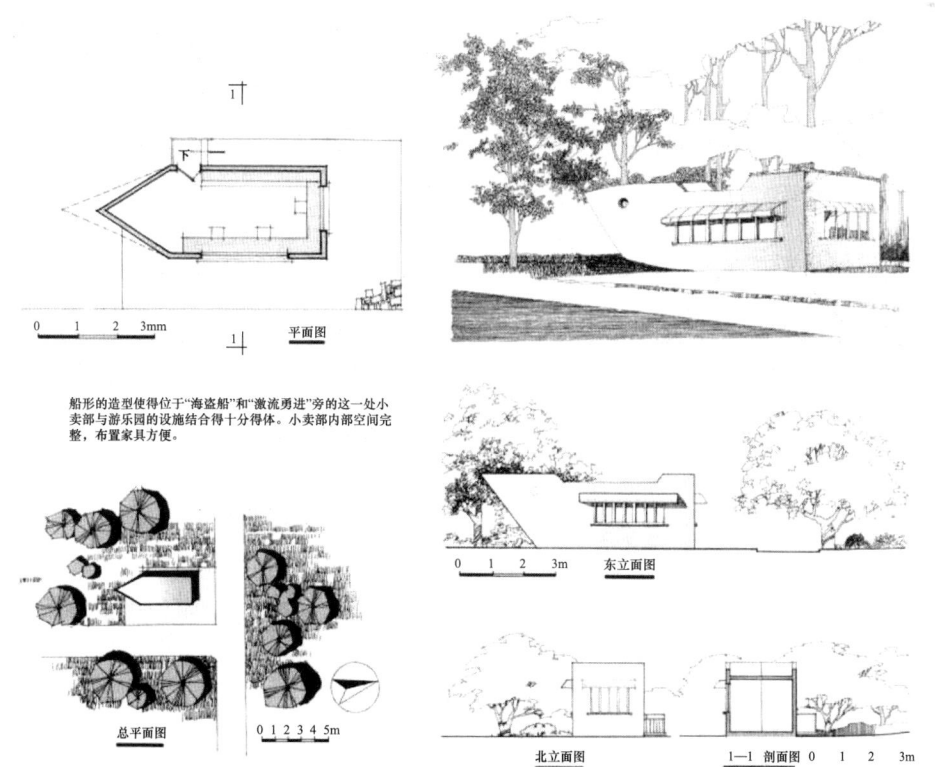

图4-15 船形小卖店

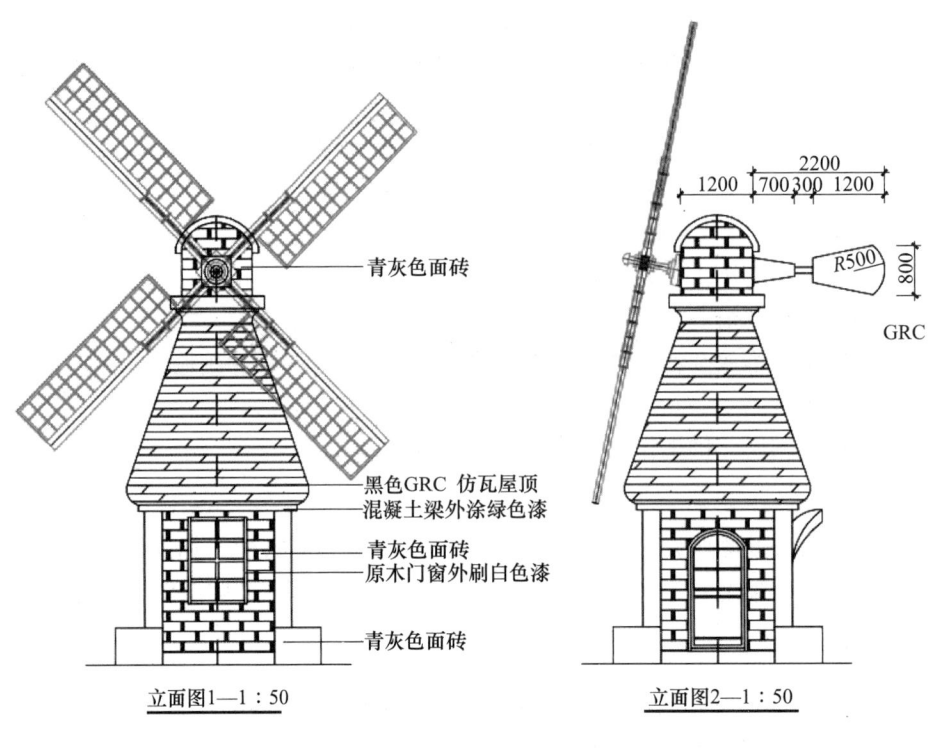

立面图1—1:50　　　　立面图2—1:50

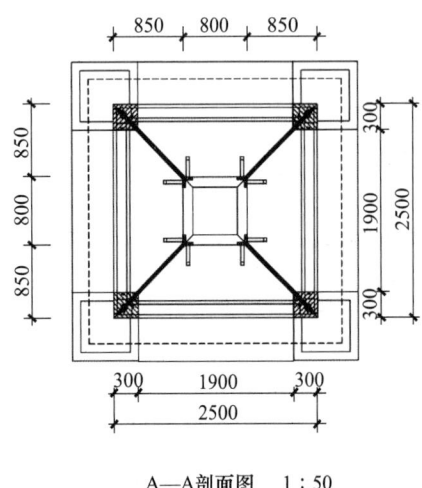

A—A剖面图　1:50

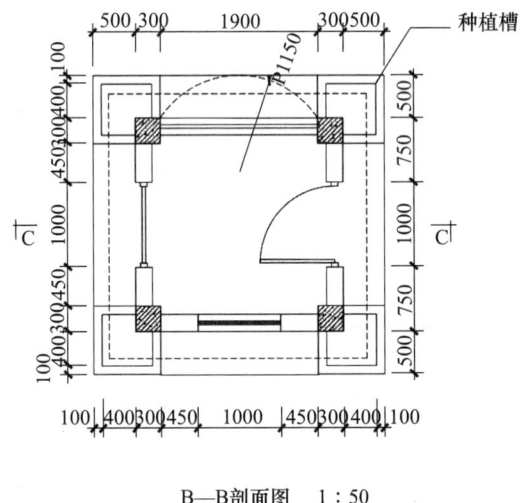

B—B剖面图　1:50

/ 项目四　园林服务性建筑设计 /

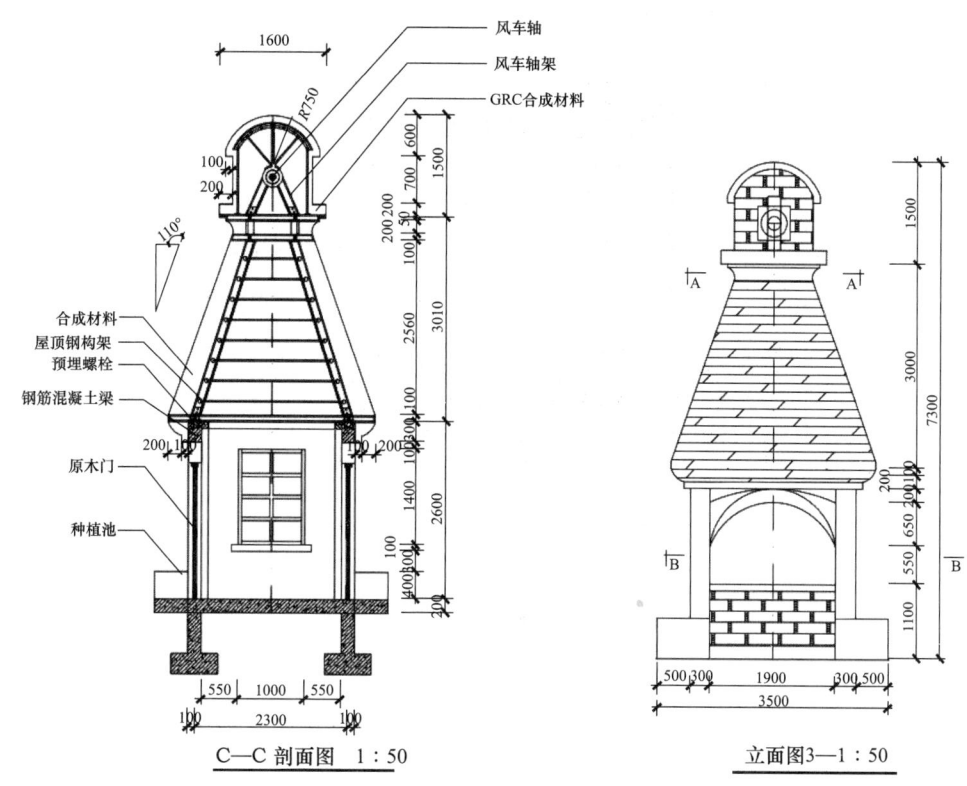

C—C 剖面图　1∶50

立面图3—1∶50

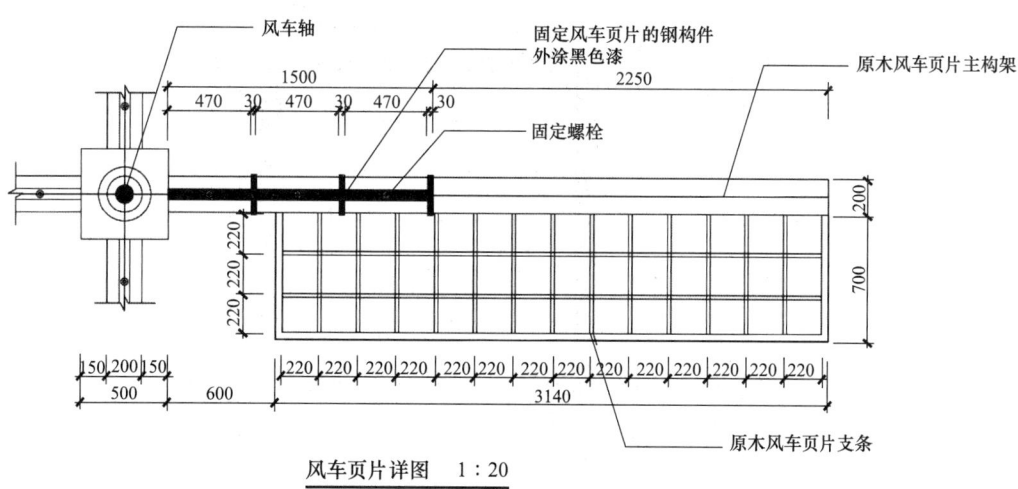

风车页片详图　1∶20

图 4-16　售卖亭施工图

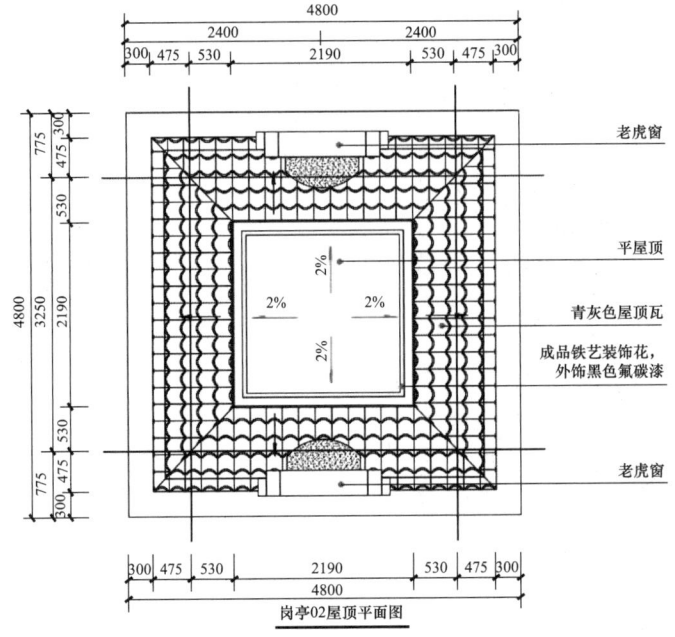

岗亭施工图（一）

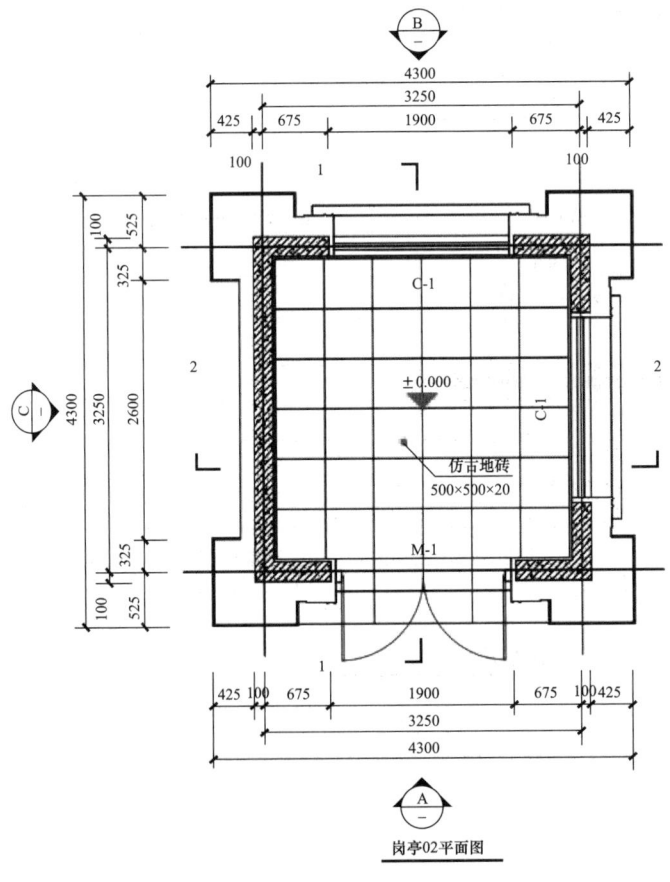

岗亭施工图（二）

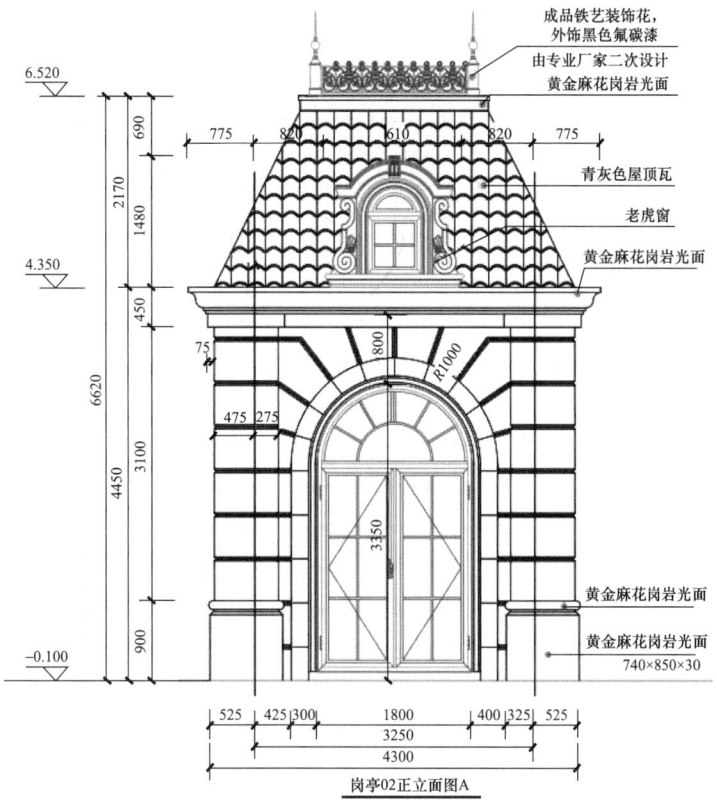

岗亭施工图（三）

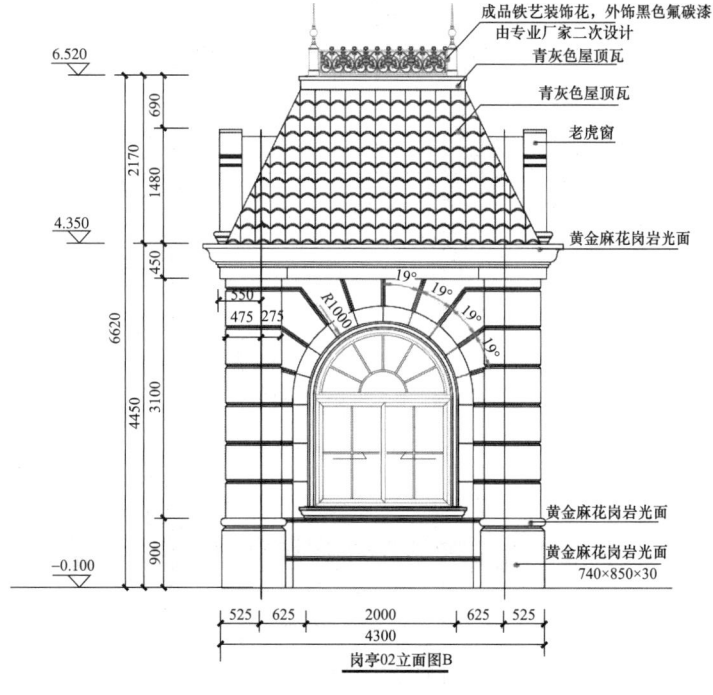

岗亭施工图（四）

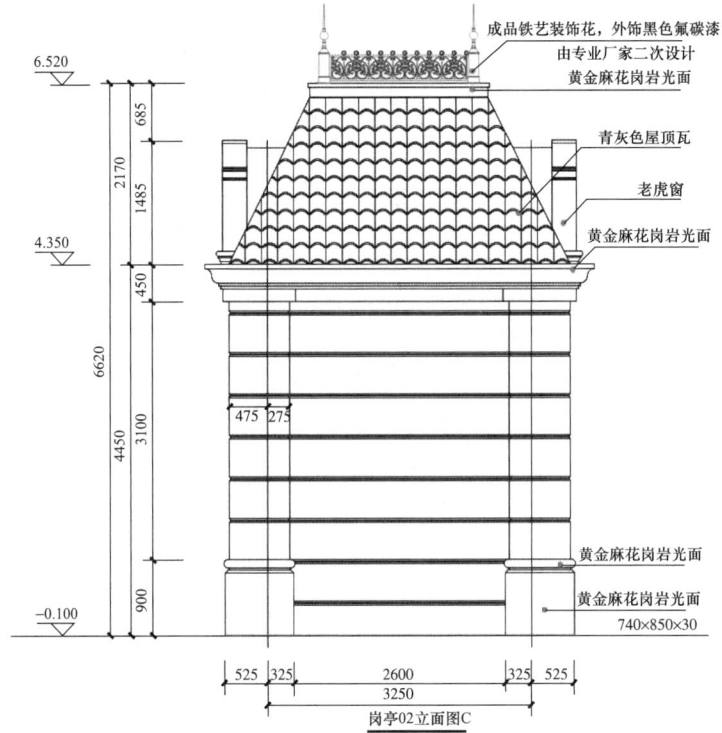

岗亭施工图（五）

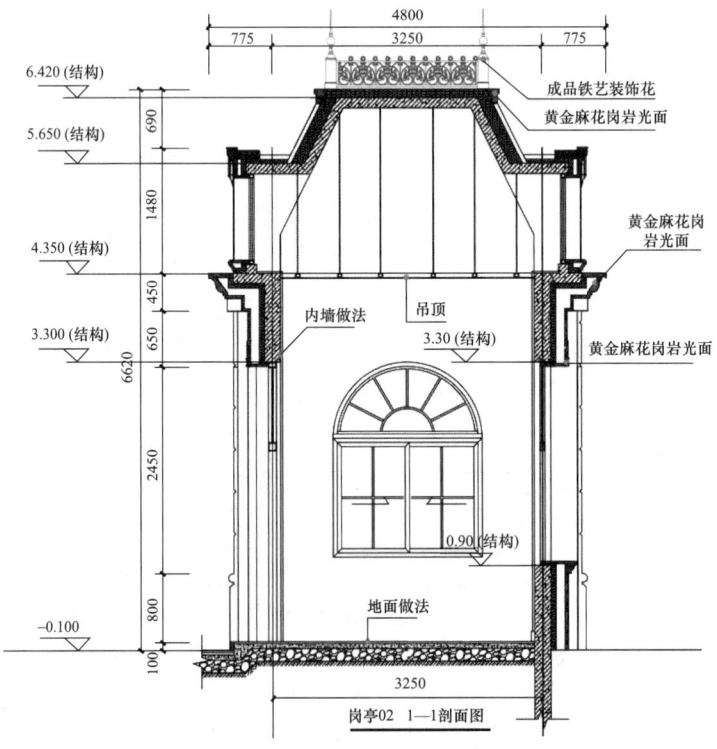

岗亭施工图（六）

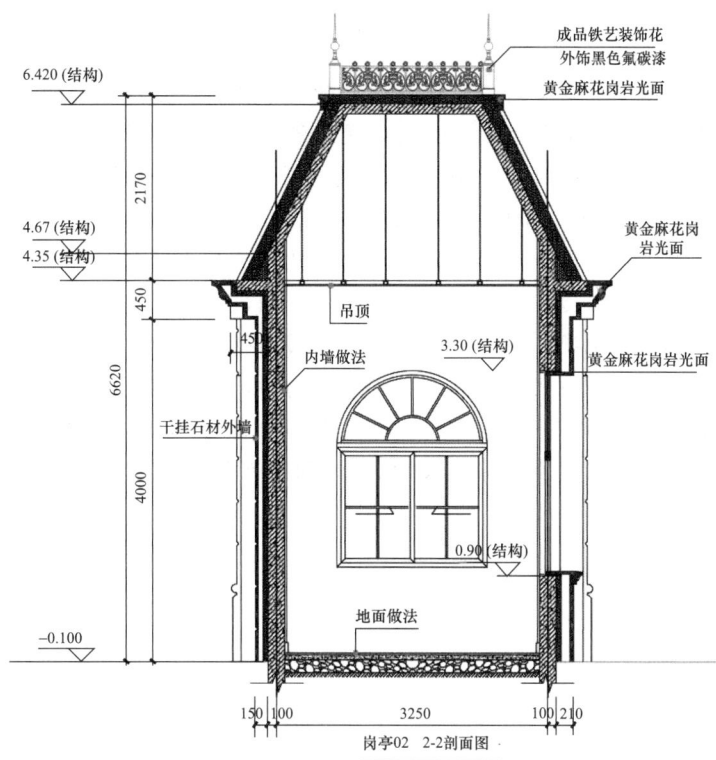

岗亭施工图（七）

图 4-17　岗亭施工图

技能考核

考核项目	考核内容		总结归纳	自我评价
知识考核	园林服务性建筑的功能			□A □B □C
	园林服务性建筑的类型			□A □B □C
	园林服务性建筑的位置选择			□A □B □C
	园林服务性建筑的设计要点			□A □B □C
技能考核	方案构思			□A □B □C
	功能与形式的结合			□A □B □C
	整体与局部			□A □B □C
	比例尺度			□A □B □C
	主要设计成果表达	总平面布局合理，绘制正确		□A □B □C
		平、立、剖面图绘制正确		□A □B □C
		效果图表达美观、透视准确		□A □B □C
		设计说明表意清楚		□A □B □C
	识读服务性建筑施工图			□A □B □C

注：学生完成学习任务后，结合总结归纳、知识检测和技能训练的完成情况，进行评价。（在相应级别前划"√"，A、B、C代表掌握的程度由高到低。）

北京香山饭店

香山饭店是由国际著名美籍华裔建筑设计师贝聿铭先生主持设计的一座融中国古典建筑艺术、园林艺术、环境艺术于一体的四星级酒店。饭店位于北京西山风景区的香山公园内，坐拥自然美景，四时景色各异，依傍皇家古迹，人文积淀厚重。设计师试图"在一个现代化的建筑物上，体现出中国民族建筑艺术的精华"，表达出建筑师对中国建筑民族之路的思考。建筑设计师用简洁朴素的、具有亲和力的江南民居为外部造型，将西方现代建筑原则与中国传统的营造手法，巧妙地融合成具有中国气质的建筑空间。

贝聿铭在主花园重现了"曲水流觞"——中国所剩无几的古老水迷宫。但是石材成了最大的问题：北方的石材太粗糙，南方的又太精细，不够大气。直到有一次贝聿铭在去北京的飞机上找到了灵感——一本介绍云南石林的宣传册。贝聿铭称作"天降好运——当你做好准备时它就会降临"。他把云南的石头运回北京。当时这些石头都是靠滚圆木的原始办法运入工地的。

项目五

园林建筑小品设计

[知识目标]
- 了解各种园林建筑小品的功能
- 掌握各种园林建筑小品的分类
- 掌握常见园林建筑小品的设计要点
- 掌握常见园林建筑小品的构造设计

[技能目标]
- 能够根据园林绿地环境选择园林建筑小品的形式
- 能够根据园林绿地环境特点确定园林建筑小品的尺度及材料
- 能够进行园林建筑小品的方案设计,并完成设计图的绘制
- 能够正确识读园林建筑小品施工图

[素质目标]
- 传承中华优秀传统文化,激发爱国情怀
- 严谨求真的工匠精神,对设计岗位的职业素养

任务目标

了解各种园林建筑小品的功能和分类;掌握常见园林建筑小品的设计要点;掌握常见园林建筑小品的构造设计;能够根据园林绿地环境选择园林建筑小品的形式、确定园林建筑小品的尺度及材料;能够进行园林建筑小品的方案设计,并完成设计图的绘制;能够正确识读园林建筑小品施工图。

知识准备

园林建筑小品历史悠久,无论是中国传统园林还是西方古典园林中都大量采用景观小品以丰富整体环境,营造具有意趣的氛围。随着社会的多样化需求和现代景观设计的发展,景观小品无论从功能、类型、材质、构造等诸多方面都产生了巨大的变化,成为景观环境中的构成元素。

园林建筑小品是指园林中为游人提供服务、休息娱乐和园林管理,具有功能性、装饰性的小型建筑设施。

园林建筑小品是园林环境中不可缺少的组成要素,它体量小巧、造型别致、功能简单,又具有一定的装饰作用(图 5-1、图 5-2)。

图5-1　水池景观兼座椅

图5-2　景观小品

一、园林建筑小品的分类

1. 服务小品

供游人休息用的廊架、座椅，为游人服务的洗手池、电话亭，为保持环境卫生的垃圾桶等（图5-3、图5-4）。

图5-3　景观果皮箱

图5-4　景观座椅

2. 装饰小品

各类绿地中的雕塑、铺装、景墙、窗、门、栏杆等，主要功能是点缀了园林环境，烘托园林氛围（图5-5、图5-6）。

图5-5　景观雕塑

图5-6　景观铺地

3. 展示小品

各种布告栏、导游图、指路标牌、说明牌等，起到一定的宣传、指示、教育的功能（图 5-7、图 5-8）。

图 5-7　景观标牌　　　　　　　　图 5-8　宣传栏

4. 照明小品

主要包括草坪灯、广场灯、景观灯、庭院灯等灯饰小品，起到夜晚照明和烘托园林氛围的功能（图 5-9、图 5-10）。

图 5-9　庭院灯　　　　　　　　图 5-10　景观灯

二、园林建筑小品的功能

1. 组景

设计中常常使用建筑小品把外界的景色组织起来，使园林意境更为生动、画面更富诗情画意。园林建筑小品在造园艺术中的一个重要作用，就是从塑造空间的角度出发，巧妙地用于组景。园林小品巧妙运用了对比、衬托、尺度、对景、借景和小中见大、以少胜多等种种造园技巧和手法，将亭台楼阁、泉石花林组合在一起，在园林中创造出自然和谐的环境。

2. 装饰

园林建筑小品的另一个作用，就是运用小品的装饰性来提高园林建筑的可观赏性，装饰园林环境空间。

3. 传达情感

园林建筑小品除具有对园林景观进行组织和装饰的作用外，还常常使景观小品通过自身的造型、质地、色彩、肌理向人们展现其自身的艺术魅力并借此传达某种情感。

4. 创造意境

通过不同的园林小品创造不同的园林意境。好的园林小品能达到咫尺之内再造乾坤的效果。园林小品所占面积往往不大，但采用变幻无穷、不拘一格的艺术手法。在中国传统园林中，以中国山水花鸟的情趣，寓意唐诗宋词的意境，在有限的空间内点缀置石、假山、树木，安排亭台楼阁、池塘小桥，给人以小见大的艺术效果（图 5-11、图 5-12）。

图 5-11　景观倒影

图 5-12　置石景观

5. 反映地域文化内涵

园林建筑小品通过自身形象反映一定地域的审美情趣和文化内涵。自然环境、建筑风格、社会风尚、生活方式、文化心理、民俗传统、宗教信仰等构成了地方文化的独特内涵。园林小品的设计在一定程度上也反映出了不同的文化内涵，它的创造过程就是这些内涵不断提炼、升华的过程。在不同的地域环境及社会背景下，园林小品呈现出不同的风貌，为整体环境的塑造起到了烘托和陪衬的作用。

研讨：实例分析公园中景观小品的类型和特点。

三、园林建筑小品的设计要点

1. 巧于立意

设计时应巧于构思，使园林建筑小品不仅具有形式上的美，而且具有相对独立的意境。

2. 独具特色

除具有艺术美外还要突出地方特色，有所创新，摈弃雷同。

3. 将人工融于自然

"虽由人作，宛自天开"。园林建筑小品总要经过人为的加工处理，要注意将小品融入自然环境，力求给人一种亲近自然的感觉。

4. 精于体宜

这是园林空间与景物之间最基本的体量构图原则，建筑装饰小品作为园林的陪衬一般在体量上力求精巧，不可喧宾夺主，力求得体。

5. 符合使用功能及技术要求

园林建筑小品大多数具有实用意义，因此，除要满足艺术造型美观外还要符合使用功能及技术上的要求。

园林建筑小品虽属园林中的小型艺术品，却能够提高园林的观赏价值，给人以艺术的享受和美感。因此，园林建筑小品不仅有建筑技术的要求，还有空间组合和造型艺术上的美感要求。设计精巧、造型优美的园林建筑小品，必会成为园林环境中的点睛之笔（图 5-13、图 5-14）。

图 5-13　园林景观小品

图 5-14　园林景观

任务一　景墙设计

在园林环境中，景墙是一种应用比较广泛的景观小品。其形式不拘一格，功能因需而设，材料丰富多样。除了人们常见的障景、漏景以及背景的景墙外，很多城市更是把园林景墙作为城市文化建设、改善市容市貌的重要方式。景墙在造景的同时，也要注重创造意境，应根据社会公众的需求、人们的文化水平、地域或民族的心理特征、审美能力等方面进行分析，使人在观景时具有共鸣感、个性感、文化感（图 5-15～图 5-18）。

图 5-15　景墙

图 5-16　浮雕景墙

图 5-17 江南白粉墙　　　　　　　　　图 5-18 影壁

一、景墙的功能

1. 围护、防护功能

景墙的一种就是围墙，主要作为园林的周边边界围护墙，无论是大型园林还是小型的私家园林，都用园墙与外界作为分隔，起到安全围护、方便管理的功能。园墙高度一般在 2m 左右（图 5-19、图 5-20）。

图 5-19 分隔性的景墙　　　　　　　　图 5-20 围护管理的景墙

2. 分隔园林空间

景墙可有效地划分园林空间，起到空间分隔的作用，使得园林空间层次分明、变化丰富。园林中各园墙、景墙穿插于园中，既分隔空间，又围合空间，既通透，又遮障，各个大小空间互相串通迂回，回绕于园中，景观层次丰富而深邃。在园林环境中，有各种不同使用功能的园林空间，它们往往需要被分开使用，这时就需要利用景墙或隔断将园林空间进行合理、有效的分隔（图 5-21、图 5-22）。

3. 点缀园林风景

在现代园林景观建筑中，景墙的重要功能就是造景，无论从其优美的造型，还是其丰富园林空间层次的作用来讲，景墙都能作为一个重要的景观建筑体，达到装饰美化环境、点缀风景的目的。景墙以其自身优美的造型，变化丰富的组合形式，具有很强的景观性，是园林空间不可缺少的元素。同时，为了避免过分闭塞，会在墙体上开设形态各异、造型优美的漏窗和洞门，使墙面更加丰富多彩是园林空间不可缺少的景观元素（图 5-23）。

/ 项目五 园林建筑小品设计 /

图 5-21 分隔空间的景墙

图 5-22 做障景的景墙

4. 引导游人路线

在园林中经常巧妙地利用景墙将园林空间划分为许多小单元，利用景墙的延续性和方向性，引导观赏者沿着景墙的走向有秩序地观赏园内不同空间的景观。景墙有效分隔园林空间的同时，给游人提供了景观游览路线，引导游人进行游览。游人感受到园林环境的曲折幽深、步移景异的艺术景观效果，离不开景墙的合理布局（图 5-24）。

图 5-23 点缀风景的景墙

图 5-24 引导功能的景墙

二、景墙的类型

园林景墙既要美观，又要坚固耐久。常用材料有砖、混凝土、石墙、铁花格围墙等。园内划分空间、组织景色、安排导游而布置的围墙，能够反映文化，兼有美观、隔断、通透的作用的景观墙体。单面景墙的设计，首先得考虑它的功能、主题、形式，然后再根据周围的环境特点进行具体设计。

1. 独立式景墙

以一面墙独立安放在园林绿地中，成为周围环境的视觉焦点。独立式景墙往往要求造型优美，与周围的山石、花木、水体等构成一组优美的景观（图 5-25）。

2. 连续式景墙

以一面墙为基本单位，排列组合，使景墙形成一定的序列感、连续感，以观赏群体形态为主。连续式景墙划分了园林空间，空间隔而不断，景观虽障但若隐若现，构思巧妙，极大地丰富了园中的景观层次（图 5-26）。

图 5-25　独立式景墙

图 5-26　连续式景墙

3. 生态型景墙

一种新型的景观墙体，目前常用于园林绿地中。将藤蔓植物进行合理种植，利用植物的抗污染、杀菌、降温、隔菌等功能，形成既有生态效益，又有景观效果的绿色景墙（图 5-27、图 5-28）。

图 5-27　植物景观墙

图 5-28　扬州何园景墙

三、景墙的设计要点

1. 景墙的位置选择

景墙在景观中起到点缀环境的作用，常放在需要点景的地方。因此在园林空间中不需要设景墙的地方，尽量不设，更多地设置绿化景观，让人更接近自然。

二维微课堂

作为空间界限的各种围墙，起围护及限定范围的作用，位置处于园林或各种空间的周边。作为分隔空间的景墙，则按空间布局的需要穿插在各种空间中，一般将景墙设在景物变化的交界处，或地形、地貌变化的交界处，或在空间大小变化的交界处，以利于空间的顺利过渡和有机结合。

2. 景墙的造型

造型是艺术手法的重要表现形式之一，景墙是一种线性构筑物，在平面布置上具有丰富多变的特质。直线墙体是一种理性的表达，展现刚硬之美；曲线墙体具有流动性、导向性与聚集性，韵律与节奏的变化展示出一种动态美，在视觉以及空间上会给观赏者灵动而富有情趣的感觉。在景墙上设置漏窗或者改变墙面肌理，也是景墙造型的表现方式。漏窗营造半遮半掩的意境，使景色若隐若现，令人感到含蓄而雅致，这种形式常用于中国古典私家园林。

在园林小品中，景墙具有隔断、导游、衬景、装饰、保护等作用。景墙的形式也是多种多样，一般根据材料、断面的不同，有高矮、曲直、虚实、光洁、粗糙、有椽无椽等形式。景墙既要美观，又要坚固耐久。

景观常将各种造型墙巧妙地组合与变化，并结合树、石、建筑、花木等其他因素，以及墙上的漏窗、门洞的巧妙处理，形成空间有序、富有层次、虚实相间、明暗变化的景观效果。

景墙的设计要美观，具有形式感。墙面的处理不能太呆板，为了避免过分闭塞，常在墙上开设形态各异、造型优美的漏窗和洞门等，再加上其他景观设计要素，使墙面更加丰富多彩。

中国园林善于运用将藏与露、分与合进行对比的艺术手法，营造不同的、个性的园林景观空间，使景墙与隔断得到了极大的发展，无论是古典园林还是现代园林，其应用都极其广泛，是园林空间不可缺少的景观要素（图 5-29～图 5-31）。

3. 色彩

景墙作为一种环境艺术小品，具有丰富的审美价值，主要是通过色彩、质感和肌理、造型等手段进行视觉表达，突破墙体本身的单调与呆板，作为观赏点，加之成功的布局与其他园林要素的结合，是塑造景观环境的重要组成部分。

景墙作为景观环境要素，从色彩方面来看，相对于植物、水体、山石等具有本质区域色彩的要素来说，具有独特的优越性和很大的灵活性，色彩变化多端。不同墙体色彩创造不同的环境氛围，色彩影响人的生理和心理行为，通过景墙色彩可以对环境气氛起到强化和烘托的作用。

以儿童为主题的景墙，可采用丰富、欢快、明艳、跳跃的暖色调，通过色彩斑斓的景墙创造一种活跃、生动、充满想象力的环境（图 5-32）。纪念性的景墙，则采用冷色调，使之与周围环境相协调，以烘托深沉、庄重、单一的环境情愫，达到一种与环境主题相关的严肃氛围。

图 5-29　景墙

图 5-30　景墙与花池结合

图 5-31　做背景的景墙　　　　　　　图 5-32　儿童游乐区景墙

4. 材料与质感

常用材料有竹木、砖、混凝土、花格围墙、石墙、铁花格围墙等。

材料是景墙的位置载体,而质感和肌理与材料不可分割,任何材料都具有自身的质感和肌理。不同材料的景墙给人不同的视觉、心理以及触觉感受。在打造以自然为主题的景观环境中,可以利用天然的花岗石、大理石、页岩等材料筑成的景墙对环境进行强化,表达浑厚刚劲、粗犷朴实、自然的意境;以生态为主题的环境中,可以用以植物性材料为主的景墙,如竹子、树皮等,表达一种柔韧、亲切的意境;为了突显现代气息,景墙材料可以用加工后的石料,质地光滑细密,纹理有致、典雅。金属材料的景墙则可以打造一种超现代和艺术的环境氛围。

肌理除了通过材料自身特质表现,还有一种很常用的特殊表现方式,即人为地通过工艺手法来改变材料的肌理形式(图 5-33、图 5-34)。

图 5-33　琉璃景墙　　　　　　　图 5-34　碎石景墙

研讨:景墙在园林环境景观营造上的功能有哪些?

任务二　园椅设计

园林绿地中设置园椅、圆桌,主要为游人提供休息、赏景之用,一般均匀布置在景区游览线上,选择景色优美及游人需要停留休息的地方。在满足美观和实用功能的前提下,结合花台、挡土墙、栏杆、

二维码微课堂

山石等设置，要求舒适坚固、构造简单、制作方便，与周围环境相协调，点缀风景，增加趣味性（图 5-35、图 5-36）。

图 5-35　休闲座椅

图 5-36　兼用型座椅

一、尺寸要求

要求园椅的剖面形状符合人体就座的姿势，符合人体的尺度。这主要取决于坐板与靠背的组合角度及椅子各部分的尺寸是否恰当。一般园椅、园桌的尺寸要求如下：

坐板高度 350～450mm，坐板水平倾角 6～7°，椅面深度 400～600mm，靠背与坐板的夹角 98～105°，靠背高度 350～650mm，座位宽度 600～700mm/人，桌面高度 700～800mm，桌面宽度（四人方桌）700～800mm，桌面直径（四人圆桌）700～800mm。

除此之外，椅面形状应考虑就座时的舒适感，应具有一定的曲线并且椅面光滑，不存水。选材质时要选择容易清洁、表面光滑、导热性好的材料。座椅的细节设计在很大程度上体现了人性化关怀的细致与否（图 5-37、图 5-38）。

图 5-37　座椅与种植池的结合

图 5-38　围合树池的座椅

二、材料选择

园椅的材料选择应充分考虑到整体环境的协调性和完整性，并符合使用场所的要求（图 5-39～图 5-42）。目前，园椅常使用的材料有木材、石材、钢铁、铝合金、钢筋混凝土、塑胶以及陶瓷、竹材料等，此外越来越多的复合材料应用在园椅上，如玻璃钢、塑木等（表 5-1）。有些材料制作的桌椅还必须用油漆、树脂涂抹或瓷砖、马赛克等装饰表面，其色彩要与周围环境相协调。

图 5-39　广场座椅

图 5-40　花池座椅

图 5-41　鼓形坐凳

图 5-42　挡土墙坐凳

表 5-1　座椅材料与种类

分类			说明
材料	人工材料	金属类	铁筋、铁管等，质感厚重并多用隔条透空做法
		陶瓷品	黏土制造，烧制成各式造型美观、色彩鲜艳的陶制园椅
		塑胶品	冷胶、玻璃纤维、塑钢等
		水泥类	混凝土制造
		砖材类	砖块堆砌而成
		塑木	以木为基础材料与热塑性高分子材料和加工助剂等，混合加工成型的环保材料
	自然材料	土石	原石、石板、石片、大理石等
		木材	原木、木板、竹藤等
外型		椅形	后有靠背、两侧有扶手者
		凳形	四面无依靠者
		鼓形	下面没有凳脚，形状规则
		不定形	形状不定，如天然石块及树根
		兼用形	利用池边缘、花坛边缘及台阶、雕塑台或其他设施兼做园椅之用

三、布置方式

园椅、园凳是供游人坐息、赏景用的，一般布置在人流较多、景色优美的地方，如树荫下、河湖水体边、路边、广场、花架下等。有时还可设置园桌供游人休息娱乐用。同时，这些桌椅本身的艺术造型也能装饰园林环境。

二维码动画

在园林中按一定的行程距离或经一定高程的升高，在适当的地方设置园椅。

1. 设置原则

设置在道路旁边的园椅，应退出人流路线以外，以免人流干扰和妨碍交通。在其他地段设置园椅时也要遵循这个原则（图5-43）。

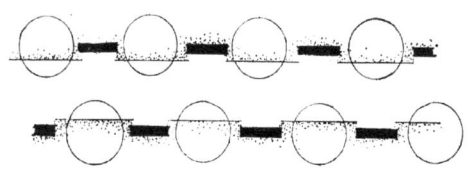

(a) 园路两侧设置座椅时宜交错布置，可将视线错开，忌正面相对

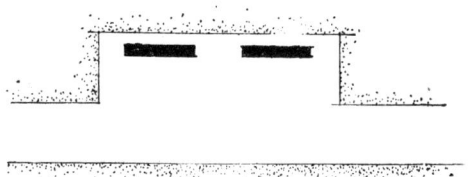

(b) 路旁设置座椅，不宜紧靠路边设置，需要退出一段距离

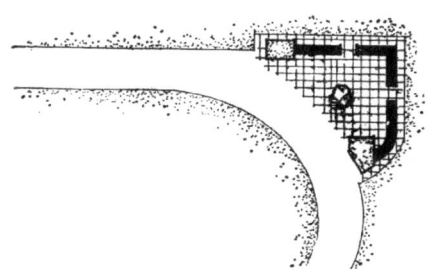

(c) 园路拐弯处设置座椅，开辟出小空间，可缓冲人流

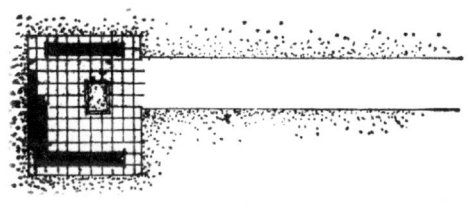

(d) 园路尽头设置座椅可形成聚会空间，或构成较安静的私密空间

图5-43 结合道路布置座椅

2. 广场设置

在广场设置园椅，因为广场有园路穿过，一般布置园椅采用"周边式"布置，可形成较好的休息空间及更有效地利用空间，同时可以保证交通畅通，行走时不受园椅的干扰。也可以将园椅结合种植池设计成景观，点缀于开阔的广场（图5-44）。

3. 建筑物周边设置

结合建筑物设置园椅，布置方式应与建筑的使用功能相协调，并衬托点缀室外空间。还要注意充分利用环境的特点，结合草坪、山石、树木、花坛、亭、廊、台阶等布置园椅（图5-45）。

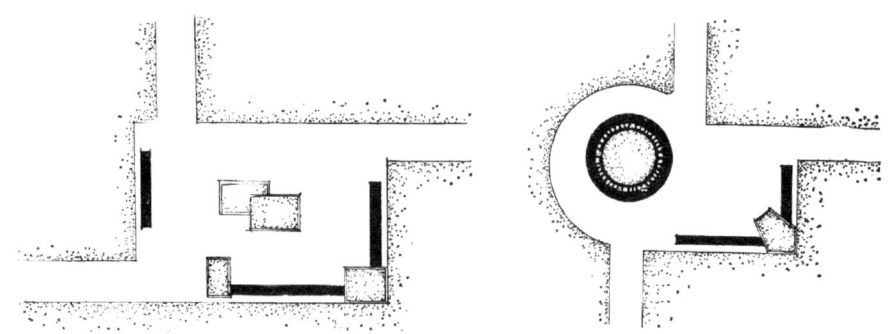

图 5-44　结合广场布置园椅

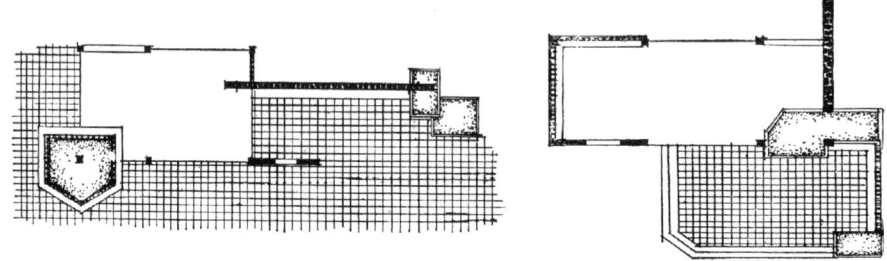

图 5-45　结合建筑物设置的座椅

研讨：结合公园实例分析园林坐凳的布置方式有哪些？

四、景观座椅赏析（图 5-46～图 5-51）

图 5-46　广场座椅设计

图 5-47　山腰观景平台座椅

图 5-48　路旁园椅

图 5-49　坐凳与铺地的搭配

/ 项目五 园林建筑小品设计 /

图 5-50 休闲绿地座椅

图 5-51 写字楼下的座椅

任务三　景观标识设计

环境景观标识系统设计是指在特定的环境中能明确表示内容、性质、方向、原则及形象等功能的，主要以文字、图形、记号、符号、形态等构成的视觉图像系统的设计；它是构成整个环境重要的组成部分，把环境功能和形象工程融为一体，重在解决环境景观管理和梳理上的秩序，为公众所需的物质和精神提供贴切的服务。

景观标识作为传递信息的重要途径之一，其形式和功能也是极为丰富多样，包括布告栏、展览栏、导游信息栏、指路牌、公共交通站牌等。景观标识在园林空间环境中是不可或缺的组成要素，在为游人提供信息、路线指引、方向识别、新闻展示等重要资讯的同时，精心设计的标识也为园林空间展现了一抹亮丽的色彩（图 5-52、图 5-53）。

图 5-52 园区导游图

图 5-53 宣传栏

一、标识类型与功能

1. 文化宣传标识

可展出科技、文化艺术、国家时事政策等，达到宣传教育的目的，增加游人的知识（图 5-54）。

2. 导游提示标识

路口设立标牌可协助游人顺利到达各游览景点；尤其在道路系统复杂、景点较丰富的大型园林中标牌的设立显得尤为重要。如植物园、动物园、综合性公园、风景区等。

123

引导类标识能辅助游客了解园林环境，通过展示平面图示、导游图等，便于游人进行游览活动前对园林的内容、整体布局及园林环境的风格等其他特征有基本的了解（图5-55～图5-57）。

图5-54　时事政策展览栏

图5-55　园区导游牌

图5-56　西双版纳州基诺山寨导览图

图5-57　指路牌

3. 警示标识

警示标识主要起到提示告诫作用，在园林空间的相关位置，设置禁止吸烟、禁止摄影、禁止野浴、禁止践踏草坪、禁止投喂动物等标牌，这些标识或警示或劝告，对社会公众是有制约作用的（图5-58）。

图5-58　警示标识牌

二、设计要点

1. 位置选择

景观标识一般选择在人流较多的地段、人流必经之处、道路旁边、景点附近等。发挥宣传教育作用时,宜选择在停留人流较多的地段或人流必经之处;发挥交通指示作用时,宜选择在道路交叉口或转弯处。警示牌宜设在路边绿地及与警示内容有关的地方。题名牌宜设在景点出入口。标识数量也应根据标识的不同功能来确定。

二维码微课堂

2. 尺寸要求

景观标识的尺寸大小要适当,高低要满足参观者的视线要求,一般要求标识的画面中心高度距地面1.5m左右为宜,应留有足够的空地且应地势平坦,以便游人观看。

3. 造型设计

景观标识设计需要考虑所处的周边建筑环境和人文特点等因素。景观标识在造型设计上应与其周围环境密切配合,标识的形式、形态与所表达的内容是密不可分的,标识设计与其内容的贴合程度、与环境的和谐度是衡量设计是否成功的标志(图5-59)。

图5-59 景观标识与环境

(1) 由复杂向简约的演变

景观标识的设计更加注重标识的表达手法及技巧。以简单的图形元素,使得标识具备更加突出的视觉效果。

(2) 由具象向抽象的演变

在飞速发展的当今社会,人们生活节奏加快,简单、抽象的标识更容易被参观者记忆于心,因此景观标识的设计更具有创意性以及形式美感。

(3) 色彩多样性的演变

标识色彩更为丰富,渐变的应用效果广泛,景观标识更具有多重质感。

(4) 平面化趋向立体化

景观标识的设计逐渐走向立体化，三维立体的表达手法，使得标识更加丰富，视觉效果更为突出。景观标志的发展是一个设计相互交融、设计风格多样化的过程（图 5-60）。

城市景观标识系统与城市文脉是一脉相承的，它涵盖了这个城市的自然风貌、传统民俗文化和一些有特色的地域文化及人文景观。城市景观标识的设计应考虑该城市的历史背景与文化轨迹，充分突出和创造城市的地域个性与特色，将传统优势文化与现代化高度融合（图 5-61）。

图 5-60 置石景观标识

图 5-61 道路引导景观标识

研讨：园林景观标识都有哪些类型？

任务四　景观雕塑设计

雕塑是一门古老的艺术形式，人们通过雕和塑的手法在三维空间中创造出新的审美实体。园林雕塑是强调和周围的环境共荣共生的艺术形式。

古今中外许多著名的环境景观都采用景观雕塑设计手法。景观雕塑在环境景观设计中起着特殊而积极的作用，世界上许多优秀景观雕塑成为城市标志和象征的载体。

园林雕塑有悠久的历史。中国古代园林很早就有雕塑装饰。汉武帝时建章宫北太液池畔，曾有石鱼、石龟、石牛、织女等雕塑。颐和园宫门前的铜狮，庭院中布置的铜鹤、铜鹿等。

在西方文艺复兴时期的园林中，雕塑已成为意大利园林的重要组成部分。或结合园林理水，或装饰台面，甚至建立了以展览雕塑为主的"花园博物馆""雕塑公园"。园林雕塑在欧、美各国园林里至今仍占有重要地位。

雕塑小品可与周围环境共同塑造出一个完整的视觉形象，以小巧的格局、精美的造型来点缀空间，使空间富于意境，提高整体环境景观的艺术效果。

一、雕塑的分类

雕塑的功能主要有营造意境、点缀装饰风景、丰富游览内容的作用，现代园林绿地中，雕塑较为广泛地应用于景区绿地的各个领域中。

1. 按表现形式分类

(1) 具象雕塑：以经过艺术处理的人物、动物和植物等实际存在的事物为题材的雕塑，表达生命的活力，表达对美好生活的热爱和向往（图 5-62）。

(2) 抽象雕塑：通过抽象几何体的形象表达一定的象征意义，具有强烈的视觉震撼力，设计大胆、独特，用点、线、面等抽象符号加以组合，改变自然真实形象（图 5-63）。

图 5-62　具象雕塑

图 5-63　抽象雕塑

2. 按使用功能分类

(1) 纪念性雕塑：纪念性雕塑是纪念人物或事件，以雕塑形象为主体，一般在环境景观中处于中心或主导的位置。如表现先烈的雕塑，造型生动有气势，有力度感，在深色松柏植物的衬托下显得更为凝重（图 5-64）。

(2) 主题性雕塑：主题性雕塑目的在于揭示环境的主题，能够补充环境的不足，使环境无法表达出的思想性，以雕塑的形式表达出来（图 5-65）。

图 5-64　纪念性雕塑

图 5-65　主题性雕塑

(3) 装饰性雕塑：装饰性雕塑在环境空间中起装饰、美化的作用。要有鲜明的主题，强调环境中的视觉美感，给人美的享受（图 5-66）。

(4) 功能性雕塑：功能性雕塑具有装饰性的美感，又具有一定的使用功能（图 5-67）。

图 5-66　装饰性雕塑

图 5-67　功能性雕塑

二、雕塑的设计要点

1. 环境因素

景观雕塑设置在室外，固具有建筑特性。它应与环境、建筑融为一个整体，雕塑的题材应与环境协调，互相衬托，相辅相成，才能加强雕塑的感染力，不能把雕塑变成形单影只的个体，应使雕塑小品成为园林环境当中一个有机的组成部分（图 5-68、图 5-69）。

二维码微课堂

图 5-68　海边广场上的星座雕塑

图 5-69　山腰处雕塑

2. 视线距离

雕塑设计要追求合理的视线距离，先在远处观察其大轮廓及远观气势，进而是观看细部、质地，所以应设置远、中、近三种良好的观赏距离。雕塑设计时，考虑三维空间的多向观察的最佳方位与距离（图 5-70）。

图 5-70　青铜雕塑

3. 空间尺度

雕塑大小与所处空间应有良好的比例和尺度关系。观赏距离 2~3 倍景高。空间过于拥挤或过于空旷都会减弱其艺术效果。如果要求将对象看得细致些，那么人们前移的位置大致处在高度一倍距离。

4. 基座设计

基座在造型上烘托主体，渲染气氛，雕塑的表现力与基座的体型相得益彰，基座不可喧宾夺主。基座从设计之初就应纳入总体的构想之中（图 5-71、图 5-72）。

图 5-71　雕塑基座设计　　　　　　　　图 5-72　雕塑无基座设计

5. 色彩

适宜的色彩能够使景观雕塑形象更为鲜明、突出。雕塑的色彩与主题形象有关，与环境及背景的色彩密切相关，雕塑的色彩应与园林环境互相衬托，相得益彰（图 5-73）。

图 5-73　雕塑的色彩与环境

研讨：雕塑的设计要点有哪些？

任务五　其他小品设计

一、栏杆

栏杆主要起防护、分隔和装饰美化的作用。栏杆在景区绿地中一般不宜多设。应该把防护、分隔的作用巧妙地与美化装饰结合起来。常用的栏杆材料有钢筋混凝土、石材、金属、砖、木、竹等，石制栏杆粗壮、坚实、朴素、自然，钢筋混凝土栏杆可预制各种各样的装饰花纹，经久耐用。金属栏杆结实耐用，布置灵活，但容易锈蚀，需要经常维护。

在园林设计中，栏杆在绿地中起分隔、导向的作用，使绿地边界明确清晰。设计好的栏杆，很具装饰意义，栏杆不是主要的园林景观构成，但可以影响园林景观，要仔细斟酌推敲（图5-74、图5-75）。

图5-74　竹质栏杆

图5-75　临湖栏杆

1. 功能

园林栏杆是构成园林空间的要素（图5-76、图5-77），其功能如下：

（1）围护作用。
（2）装饰园林环境。
（3）分隔园林空间。
（4）组织疏导人流。
（5）代替座椅，作为游人休息的设施。

图5-76　临水栏杆

图5-77　道路边栏杆

2. 设计要点

(1) 位置选择

① 维护性栏杆

常设在地形地貌变化之处、交通危险的地段、人流集散的分界。如悬崖旁、岸边、桥梁、码头、台地、道路等的周边（图5-78）。

② 分割空间的栏杆

常设在活动分区的周边、绿地的周围，用以划分园林空间（图5-79）。

图5-78 临河的维护栏杆

图5-79 绿地周边的栏杆

③ 装饰性的栏杆

主要指草坪、花坛、树池等周边设置的镶边栏杆，用以装饰和美化环境（图5-80、图5-81）。

图5-80 竹质镶边栏杆

图5-81 装饰栏杆

(2) 尺度要求

① 作为防范维护栏杆一般高度为1000～1300mm。

② 作为分隔空间和围护栏杆高度为800～900mm。

③ 草坪、花坛、树池等周边设置的镶边栏杆，其高度为200～400mm。

(3) 材料选择

适合做园林栏杆的材料：砖石、木材、竹材、钢筋混凝土、钢材、竹等。选材时既要考虑满足功能要求，又要与园林环境相协调统一。

（4）坚固要求

一般栏杆要求有较深的基础，立柱之间的距离不可过大，一般为2～3m。受力的栏杆应有足够的强度要求，施工时应衔接牢固。

（5）美观要求

园林栏杆的美观要求表现在它与园林环境的协调统一以及完美的造型。栏杆是一种长形的、连续的构筑物，因为设计和施工的要求，常按单元来划分制造。构图要好看，整体美观，在长距离内连续地重复，产生韵律美感。栏杆的构图还要服从环境的要求。栏杆造型的轻重、曲直、实透、色彩、纹样等的选择也要与园林环境相协调统一（图5-82）。

图5-82　栏杆的装饰

二、照明

用于庭院、绿地、花园、湖岸、宅门的照明设施。园林夜色中，强烈、多彩的灯光会使整个环境热烈活泼起来，局部而又柔和的照明又会使人感到亲切而富有私密感，暖色光使人感到和睦温暖，冷色光使人清静、生畏（图5-83）。

二维码微课堂

图5-83　绿地的照明

1. 功能

（1）照明：给夜晚的游人提供照明。

（2）点缀园林环境：力求舒适宜人；追求宁静、典雅、安逸、柔和。

2. 园灯的类型

（1）路灯

布置于园路两侧，有高、中、低杆灯具（图5-84）。

图 5-84　园路旁的路灯

（2）广场灯

大功率的投光类灯具，照射面大。一般设置在大中型广场或开阔的绿地周围（图5-85）。

图 5-85　广场灯

（3）草坪灯

草坪灯的设计主要以外形和柔和的灯光为城市绿地景观增添安全与美丽，安装方便、装饰性强，可用于公园、花园别墅、广场绿化等场所的绿化带的装饰性照明。草坪灯的间距为6～8m，高度为0.3～1m（图5-86）。

（4）庭院灯

用在庭院、公园及大型建筑物的周围，既是器材，又是艺术欣赏品（图5-87）。

（5）壁灯

设置在庭院出入口、建筑门上或矮墙上的灯（图5-88）。

图 5-86　草坪灯

图 5-87　庭院灯

图 5-88　壁灯

(6）投光灯

投光灯有一定的光源投射方向，作为重点照明和集中照明。一般设置在园林中建筑物周边和主要出入口，或设置在重要的景观附近，用以突出景观的艺术效果（图 5-89）。

图 5-89　广州大佛寺庭院景观投光灯

（7）埋地灯

可布置在水下、广场、草地、街头、树下等，光源由下而上（图 5-90）。

 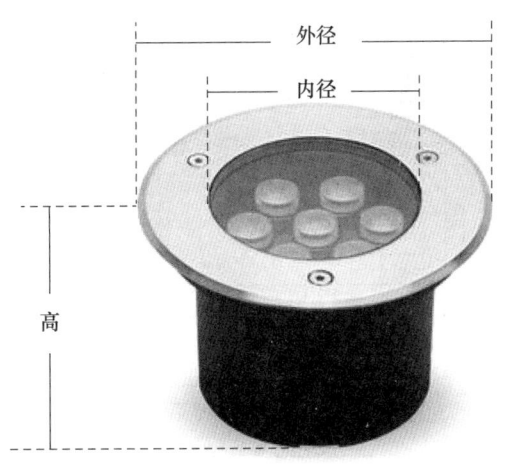

图 5-90　景墙附近埋地灯

3. 选址

一般设在园林绿地的出入口广场、交通要道、园路两侧及交叉口、台阶、桥梁、建筑物周围，水景、喷泉、雕塑、花坛、草坪的边缘等位置。照明的同时，兼顾白天的园林景观，应沿路连续布置（图 5-91）。

图 5-91 园灯的应用

研讨：不同园林环境中，景观小品的造型如何选择？

技能训练　抄绘景观小品施工图

1. 目的：了解园林景观小品的设计规范，掌握景观小品施工图的绘制方法。
2. 任务：抄绘景观小品的平面图、立面图及剖面图等施工图（图 5-92～图 5-97）。

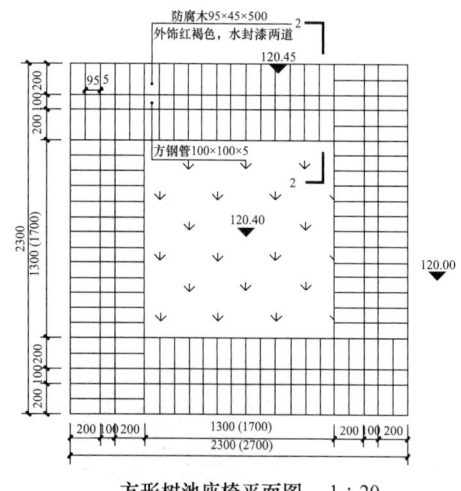 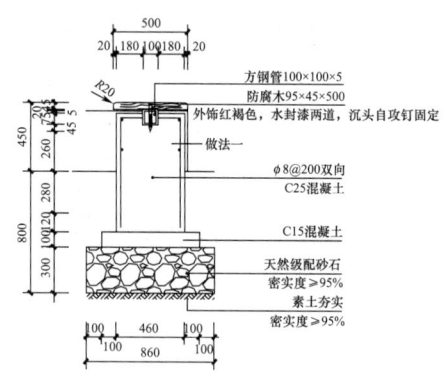

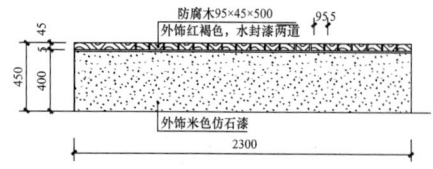

图 5-92　方形树池座椅施工图

/ 项目五 园林建筑小品设计 /

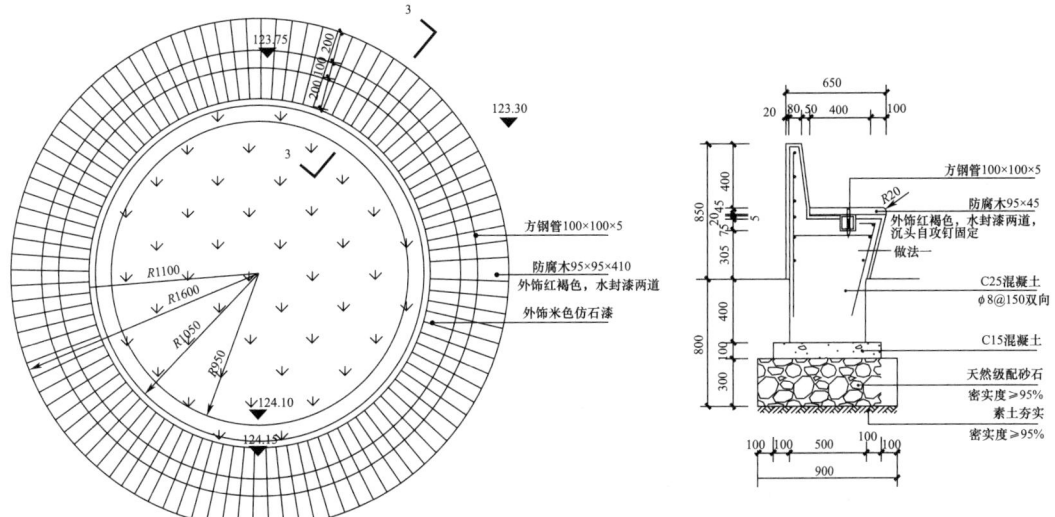

图 5-93 圆形树池座椅施工图

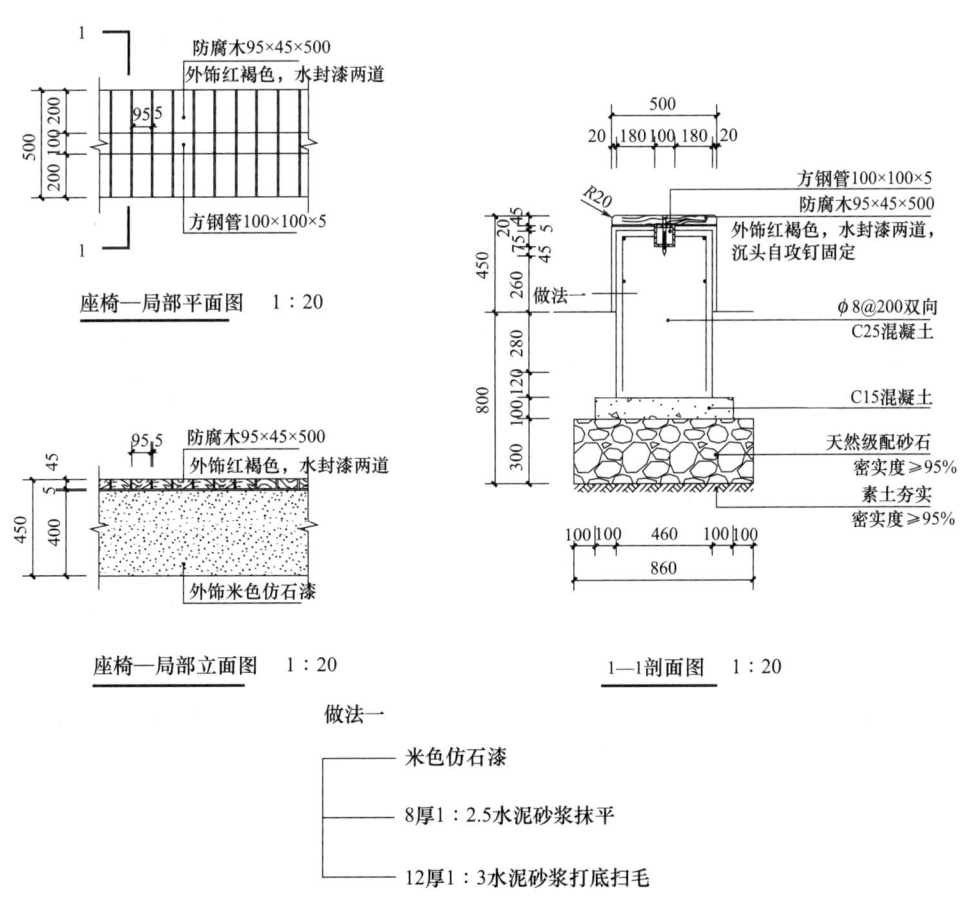

图 5-94 座椅施工图

137

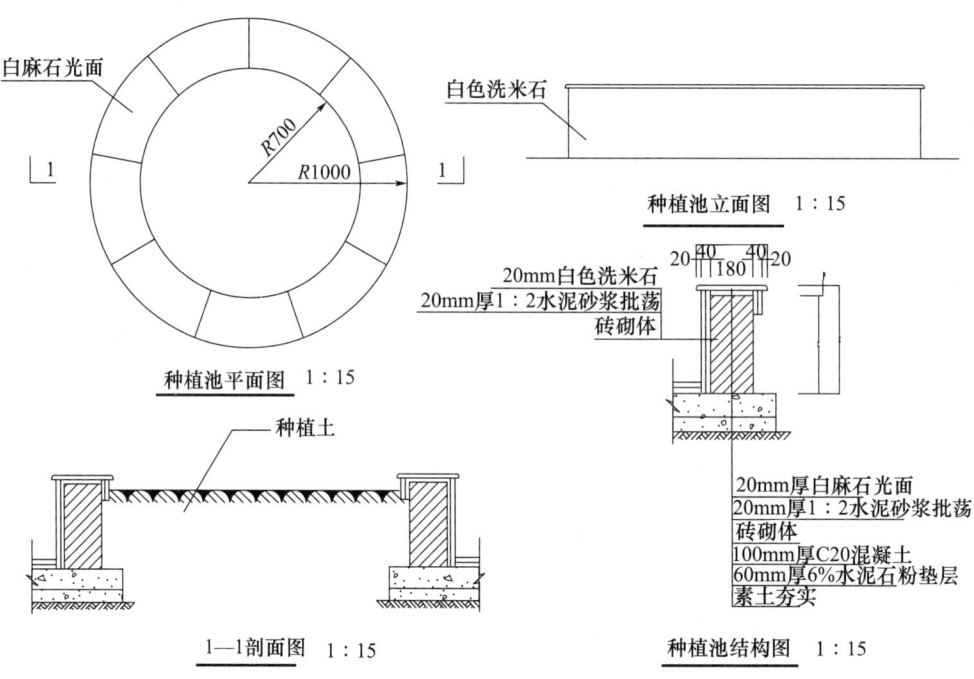

图 5-95 种植池施工图

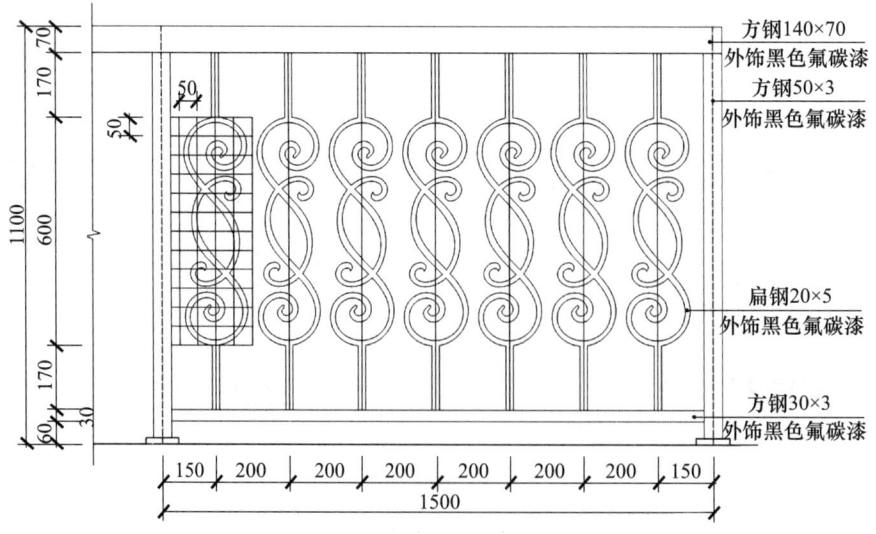

/ 项目五　园林建筑小品设计 /

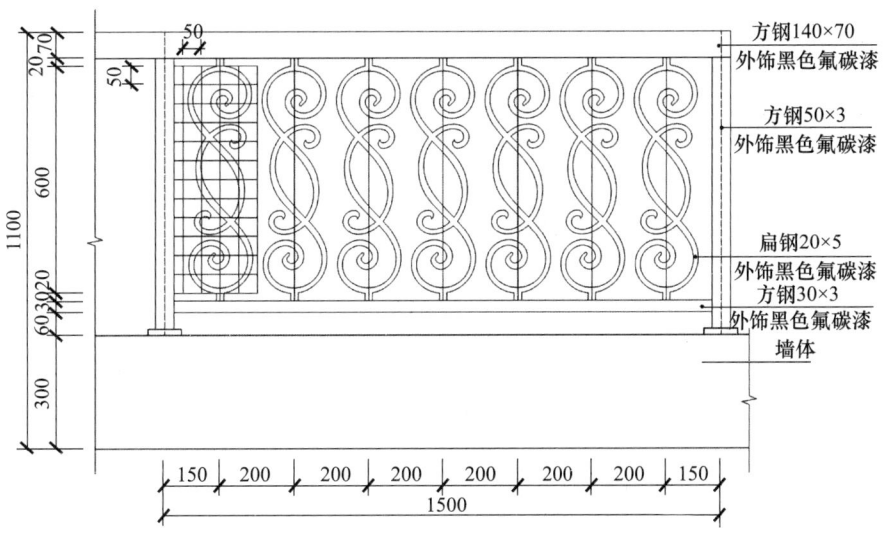

栏杆标准段立面图　1∶10

图 5-96　栏杆施工图

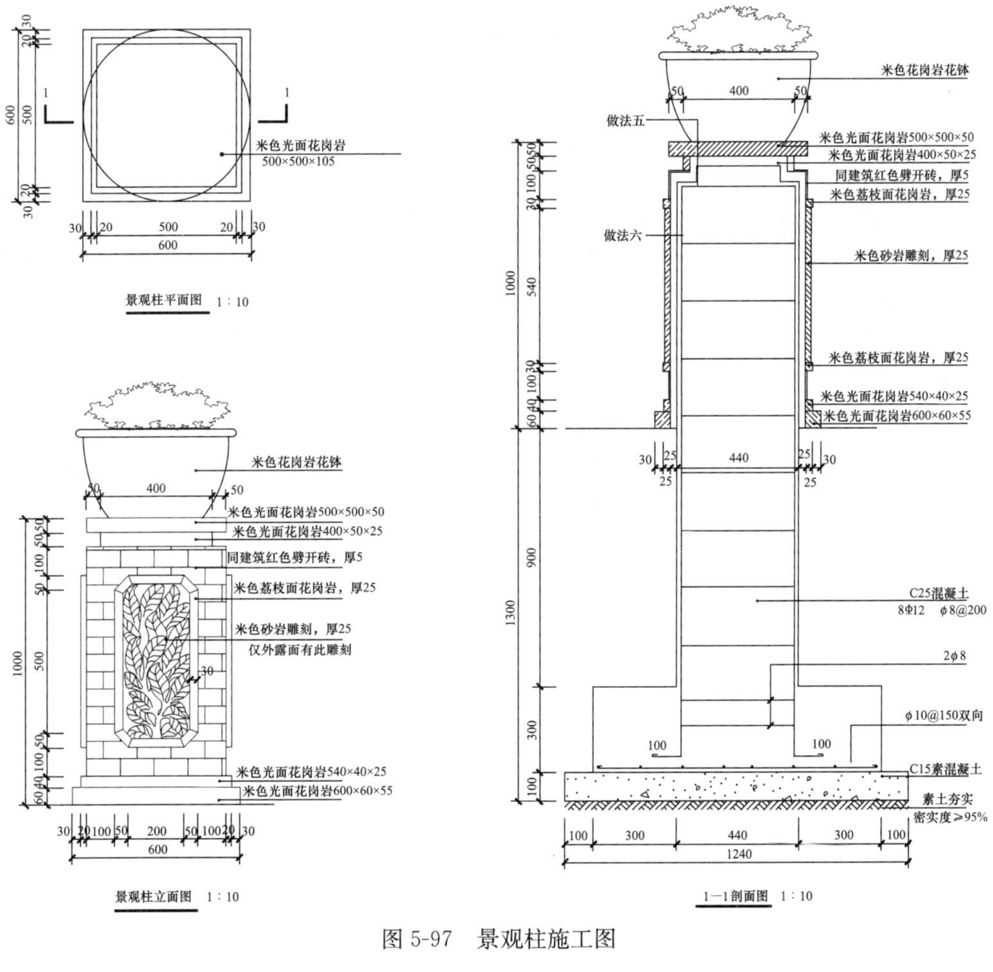

图 5-97　景观柱施工图

技能考核

考核项目	考核内容		总结归纳	自我评价
知识考核	园林建筑小品的功能			□A □B □C
	园林建筑小品的类型			□A □B □C
	园林建筑小品的位置选择			□A □B □C
	园林建筑小品的设计要点			□A □B □C
技能考核	方案构思			□A □B □C
	功能与形式的结合			□A □B □C
	整体与局部			□A □B □C
	比例尺度			□A □B □C
	主要设计成果表达	建筑休闲空间平面布局合理，绘制正确		□A □B □C
		平、立、剖面图绘制正确		□A □B □C
		效果图表达美观、透视准确		□A □B □C
		设计说明表意清楚		□A □B □C
		识读建筑小品施工图		□A □B □C

注：学生完成学习任务后，结合总结归纳、知识检测和技能训练的完成情况，进行评价。（在相应级别前划"√"，A、B、C代表掌握的程度由高到低。）

外滩，那尊傲然矗立的陈毅铜像

上海外滩，矗立着陈毅铜像，这位颇具传奇色彩、彪炳千古的人物，曾首任上海市市长，故令上海市民尤为怀念，而这尊傲然矗立于上海外滩的铜像，常常令市民及游客们慕名而来。

陈毅为解放上海立下了不朽功勋，对上海建设作出过开创性贡献，上海人民对这位老市长充满敬意，故为老市长塑像的呼声很高。经过层层征选，最后雕塑家章永浩的设计方案中标。塑像坐北朝南，用青铜浇铸，高5.6米，底座用红色磨光花岗石砌成，颇为壮观。塑像再现了陈毅同志视察工作时的典型姿态，显示他一路风尘，勤勤恳恳的公仆形象，又有虚怀若谷、气势不凡的儒将风度。

参考文献

[1] 周维权.中国古典园林史[M].北京:清华大学出版社,1990.
[2] 杜汝俭,李恩山,刘管平.园林建筑设计[M].北京:中国建筑工业出版社,2004.
[3] 周初梅.园林建筑设计[M].北京:中国农业出版社,2019.
[4] 刘敦桢.中国古代建筑史:第2版[M].北京:中国建筑工业出版社,2005.
[5] 计成(明代).园冶[M].重庆:重庆出版社,2009.
[6] 黄健敏.贝聿铭建筑十讲[M].南京:江苏凤凰科学技术出版社,2020.
[7] 冯钟平.中国园林建筑[M].北京:清华大学出版社,2000.
[8] 卢仁.园林建筑[M].北京:中国林业出版社,2000.
[9] 刘福智,佟裕哲.风景园林建筑设计指导[M].北京:机械工业出版社,2007.
[10] 田永复.中国园林建筑施工技术[M].北京:中国建筑工业出版社,2002.
[11] 黄汉民.门窗艺术[M].北京:中国建筑工业出版社,2011.
[12] 顾立生,刘洪利.颐和园建筑物的空间布局研究[J].林业与生态科学,2021,36(01):95-99.
[13] 黄健敏.回响与重现——体验贝聿铭暨贝氏建筑事务所设计的苏州博物馆[J].时代建筑,2007(03):64-75.
[14] 梁美勤.园林建筑[M].北京:中国林业出版社,2003.
[15] 张良,温明霞.园林建筑设计[M].郑州:黄河水利出版社,2022.
[16] 吴卓珈.园林建筑设计[M].北京:机械工业出版社,2008.
[17] 童寯.东南园墅[M].长沙:湖南美术出版社,2018.
[18] 黄晓鸾.园林绿地与建筑小品[M].北京:中国建筑工业出版社,1996.
[19] 中华人民共和国住房和城乡建设部.城市公共厕所设计标准:CJJ 14—2016[S].中国建筑工业出版社.